U0180432

CFRP-钢复合结构界面时变力学行为研究

徐佰顺 著

中国铁道出版社有限公司
CHINA RAILWAY PUBLISHING HOUSE CO., LTD.

内 容 简 介

本书基于作者研究成果,在综述 CFRP 加固钢结构技术的特点及研究进展基础上,论述了 CFRP-钢界面时变黏结性能试验研究,CFRP-钢界面时变本构模型研究、CFRP-钢位伸试件时变力学行为研究,以及 CFRP-加固受弯钢梁时变力学行为研究。

本书适合作为高等院校桥梁工程、结构工程专业研究生的教材和教学参考书,也可作为从事钢结构加固设计、施工的工程技术人员的参考书。

图书在版编目(CIP)数据

CFRP-钢复合结构界面时变力学行为研究/徐佰顺
著 . —北京:中国铁道出版社有限公司,2024.4
  ISBN 978-7-113-30496-6

Ⅰ. ①C… Ⅱ. ①徐… Ⅲ. ①碳纤维增强复合材料-
钢结构-加固-研究 Ⅳ. ①TU391

中国国家版本馆 CIP 数据核字(2023)第 161731 号

书　　　名:CFRP-钢复合结构界面时变力学行为研究
作　　　者:徐佰顺

策　　　划:曾露平　　　　　　　编辑部电话:(010)63551926
责任编辑:曾露平　徐盼欣
封面设计:高博越
责任校对:苗　丹
责任印制:樊启鹏

出版发行:中国铁道出版社有限公司(100054,北京市西城区右安门西街 8 号)
网　　　址:http://www.tdpress.com/51eds/
印　　　刷:天津嘉恒印务有限公司
版　　　次:2024 年 4 月第 1 版　 2024 年 4 月第 1 次印刷
开　　　本:787 mm×1 092 mm 1/16　印张:7.5　字数:178 千
书　　　号:ISBN 978-7-113-30496-6
定　　　价:38.00 元

前　言

　　焊接钢结构因其优良的性能被广泛应用于大跨度桥梁结构、高层建筑、重型厂房、轻型结构和高耸结构等。近年来，随着钢铁产能的提高和钢结构建设技术的进步，我国已经具备推广钢结构的物质基础和技术条件，因此，钢结构在我国获得了超常规发展。2016年，交通运输部发布《关于推进公路钢结构桥梁建设的指导意见》，标志着钢结构桥梁建设将逐渐成为我国公路桥梁建设的趋势。在服役期间，因自然环境的侵蚀、外部荷载的作用或人为因素的破坏等，钢结构不可避免地存在损伤和缺陷。比如，长期受交变荷载作用的钢桥产生的疲劳损伤。如果将已损伤钢结构拆除重建，必将耗费大量的人力、物力和财力，显然是不必要的。实际上，只需要将出现病害的结构或构件进行修补和加固，达到结构正常使用功能即可。

　　外贴CFRP加固钢结构技术克服了传统钢结构加固方法的不足，能在结构尺寸和自重几乎不改变的前提下，有效地提高结构的强度和刚度。CFRP与钢之间的界面起到传递荷载、协调变形、保证CFRP与钢共同工作的作用，其黏结性能的好坏是CFRP加固钢结构成败的关键。加固用胶黏剂作为高分子聚合物，具有与时间相关的黏弹性行为，在外荷载作用下会随时间变化产生变形。胶黏剂的黏弹性会导致CFRP-钢界面发生应力重分布，从而使界面的力学行为变得更加复杂。为此，著者在前人的基础上，对CFRP加固钢结构黏结界面时变力学行为进行了理论研究和试验研究，并应用黏弹性本构关系对CFRP加固钢梁进行了系统分析。

　　本书的主要内容及安排如下：

　　第1章综述了CFRP加固钢结构技术的特点及研究进展，对CFRP-钢黏结界面力学行为的基本理论和试验方法进行了系统总结，并提出目前研究面临的主要问题。

　　第2章论述了采用拉伸试验方法研究CFRP-钢界面胶黏剂的拉伸黏弹性行为。试验中设计与制作了5组27个CFRP-钢双搭接拉伸试件，包括1组对比试件与4组不同持载水平和不同持载时间的试件；根据杠杆原理自制了蠕变试验加载装置，进行了实验室条件下3个月的蠕变试验，持载水平分别取对比组试件极限荷载平均值的20%、40%、60%和75%；对持载加载后的试件进行了静力拉伸破坏试验。本章基于试验结果进行了分析，包括破坏过程、破坏特征、荷载-位移曲线、CFRP应变分布规律以及黏结-滑移曲线特点。

　　第3章基于蠕变试验结果及理论分析，论述了修正的Burgers模型和Findley幂律方程表征CFRP-钢界面受剪状态下胶黏剂的黏弹性本构关系，以及修正的Burgers模型各参数计算公式的推导；通过对蠕变试验结果的回归分析得到本构模型参数表达式，讨论了界面剪应力和持载时间对模型参数的影响；同时，基于静力拉伸试验结果及理论分析，论述了考虑胶黏剂蠕变损伤折减的 CFRP-钢界面双线性黏结-滑移本构模型；在既有的双线性黏结-滑移本构模型的基础上，引入峰值剪应力蠕变损伤系数 β、峰值滑移量蠕变损伤系数 η 和最大滑移量蠕变损伤系数 γ 三个蠕变损伤系数，通过对试验数据的回归分析得到了包含持载水平和持载时间的三个蠕变损伤系数的计算公式。

第 4 章基于修正的 Burgers 模型，论述了纯拉伸状态下拉伸试件界面剪应力的时变解析解的推导，并利用该模型对 CFRP-钢界面剥离全过程进行了分析。

第 5 章根据考虑变形协调条件的弹性分析方法，论述了包含外荷载和温度荷载的 CFRP 加固受弯钢梁黏结界面应力的微分方程的推导，分别对均布荷载、单个集中力和两个对称集中力作用情况进行了求解；依据敏感性分析的基本原理，从定量分析的角度分析了界面应力对参数的敏感程度；同时基于修正的 Burgers 模型，利用黏弹性力学理论及拉普拉斯变换的数学方法，推导了 CFRP 加固受弯钢梁黏结界面应力、CFRP 轴力、钢梁弯矩和加固梁挠度的拉普拉斯像空间解析解；结合有限元方法分析了胶黏剂黏弹性对加固梁力学行为的影响。

本书由宿迁学院副教授徐佰顺著。本书得到了西南交通大学钱永久教授、唐继舜教授，中交第一公路勘察设计研究院马明高级工程师、内蒙古大学赵志蒙教授、李国栋教授、姚亚东副教授，以及著者工作单位宿迁学院建筑工程学院各位领导、同事的热心指导及大力支持，在此表示诚挚的谢意。本书撰写过程中参考了国内外学者的相关研究成果，在此向其作者表示感谢。

限于著者水平，书中疏漏及不妥之处在所难免，敬请广大读者批评指正。

著 者
2023 年 4 月

目　　录

第1章 绪 论

钢结构因其优良的性能被广泛应用于大跨度桥梁结构、高层建筑、重型厂房、轻型结构和高耸结构等。近年来,由于高强度钢材的发展,钢结构在我国更是获得超常规发展。不但大量的工业厂房开始普遍采用钢结构,而且一大批关系国计民生的公共建筑选择了钢结构,如机场航站楼、高铁站、国家体育场、央视新台址主楼以及南京大胜关长江大桥等。当设计、施工、运营管理不当,或遭受到地震等不可预测的荷载作用时,钢结构会产生一定程度的损伤。比如,长期受交变荷载作用的钢桥产生的疲劳损伤。当损伤积累到一定程度时,钢结构就有可能发生强度破坏、失稳破坏、疲劳破坏等。如果新建工程,则施工周期长、难度大、成本高,将耗费大量的人力、物力和财力,而且影响结构的正常使用。比如,对高速公路钢结构桥梁进行拆除重建,必然要中断交通,影响人们的正常出行,造成一定的社会经济损失。因此,有必要研究钢结构加固技术,实现钢结构的快速修复,恢复其应有的功能。

已有的钢结构加固技术主要有改变荷载传递途径法和加强原有构件截面或连接节点法等。这些方法的关键技术是加固件与被加固构件之间的连接。只有连接牢固才能起到传递荷载的作用。传统的钢结构连接方法有焊接连接、螺栓连接等,它们均会对原有构件造成一定的损伤。比如,焊接的高温作用造成相应位置钢材的性能劣化以及焊接残余应力;螺栓连接需要在母材上钻孔,削弱了结构的承载截面,恶化了损伤区域的受力情况,形成新的应力集中区。粘贴碳纤维增强复合材料(carbon fibre reinforced polymer/plastic, CFRP)加固技术克服了传统钢结构加固方法的不足,能在结构尺寸和自重几乎不改变的前提下,有效地提高结构的强度和刚度,适用于钢结构承载能力修复、疲劳修复、腐蚀修复和脆性修复等。

目前CFRP加固钢结构技术取得了一定的研究成果,但主要集中在短期性能的研究上。加固用胶黏剂作为高分子聚合物具有黏弹性特性,荷载作用下会发生蠕变变形,导致黏结界面发生应力重分布。Meshgin等认为在胶层较厚和胶层剪应力与极限拉伸强度较高的情况下,胶黏剂的蠕变能够导致黏结界面失效;Diab和Wu认为胶层蠕变使峰值剪应力减小,有效黏结长度增加,这似乎对加固结构的长期受力是有益的。可见,胶黏剂的黏弹性性质对加固后结构的力学行为有着重要影响。另外,荷载作用下胶黏剂的蠕变变形会导致黏结界面产生蠕变损伤,会对CFRP-钢界面的黏结性能造成一定的影响。研究者已经对CFRP-钢黏结界面的黏结性能和剥离破坏机理做了大量研究。这些研究多是在CFRP-钢黏结界面没有任何荷载作用历史的前提下进行的。实际上,加固的钢结构服役周期一般较长,服役期间可能受到不同加载历史的外荷载作用,应考虑胶黏剂黏弹性特性对CFRP-钢界面时变黏结性能的影响。因此,有必要开展CFRP-钢界面时变力学行为的研究。

1.1 CFRP加固钢结构技术的发展

纤维增强复合材料(fibre reinforced polymer/plastic, FRP)是由高性能纤维与树脂基体按照一定的比例混合并经过一定的工艺复合形成的高性能新型材料。FRP 常用类型包括碳纤维、玻璃纤维、芳纶纤维和玄武岩纤维增强的复合材料,分别简称 CFRP、GFRP、AFRP 和 BFRP,目前工程结构加固中应用较广泛的是 CFRP。

FRP 加固技术最早应用于混凝土结构的加固工程中。自 1984 年起,EMPA(瑞士联邦材料科学与技术研究所)的 Meier 等对 FRP 板加固混凝土结构开展了一系列理论研究和试验研究,随后成功地将这种加固技术应用在 Ibach 桥的加固修复工程中。此后,各国相继开展了 FRP 加固混凝土结构技术方面的研究工作,先后颁布了相应的设计规范或指南。

1980 年,我国就在桥梁加固中应用过 FRP 加固混凝土结构技术。比如,外贴玻璃纤维布加固巍山河桥。1997 年,我国的许多高等院校和科研院所开展了 FRP 加固混凝土技术的研究工作。2003 年,中国工程建设标准化协会颁布了《碳纤维布加固修复混凝土结构技术规程》(CECS 146—2003)。随着相关理论研究成果的总结以及实际加固工程应用研究的开展,2006 年我国颁布了《混凝土结构加固设计规范》(GB 50367—2006),可用于指导 FRP 加固混凝土结构的工程应用,并于 2013 年对该规范进行了部分修订(GB 50367—2013)。2008 年,我国交通运输部颁布了《公路桥梁加固设计规范》(JTG/T J22—2008),可用于指导 FRP 加固桥梁的设计工作。

已有研究表明,在 RC(钢筋混凝土)梁底部粘贴 CFRP 能显著提高其极限荷载,但对 RC 梁的受拉钢筋屈服荷载提高有限。这是因为加固梁在二次受力前 CFRP 的应变几乎为零,而受拉区钢筋及受压区混凝土已经具有一定的应变值。因此,可以对 CFRP 进行预张拉,以使其具有一定的初应变,从而充分发挥 CFRP 的抗拉强度。理论和实践表明,预应力 CFRP 的加固方法是可行的,其能够显著提高构件的抗弯承载力、整体刚度和疲劳寿命。学者已经取得了很多研究成果,但还有一些关键技术问题亟待解决,如预应力损失的计算、CFRP 的有效锚固等。近年来,随着学者对 CFRP 加固混凝土结构研究的深入及相应规范的颁布,CFRP 加固混凝土结构技术已经逐渐成熟,并广泛应用在梁的受弯加固和受剪加固、柱的受压加固以及柱的抗震加固等方面。

CFRP 不仅可以用于加固混凝土结构,亦可用于加固钢结构。早在 1990 年,Edberg 等就开展了 CFRP 加固工字形钢梁的试验研究工作。近年来,国内外陆续对 CFRP 加固无损伤钢梁、自然腐蚀钢梁和人工模拟损伤钢梁展开研究,截面形式主要包括工字形截面、矩形空心截面、板形截面、钢-混凝土组合截面等。2000 年,国家工业建筑诊断与改造工程技术研究中心采用粘贴碳纤维布对上海宝钢一炼钢主厂房吊车梁进行加固,这是我国最早使用 CFRP 加固钢结构的工程实践。随后,国家工业建筑诊断与改造工程技术研究中心、中冶集团建筑研究总院、清华大学、华南理工大学、西南交通大学、武汉大学、大连理工大学等高等院校和科研院对 CFRP 加固钢结构技术展开了大量研究工作,研究内容主要为结构或构件的受弯加固、受拉加固、疲劳加固、预应力 CFRP 加固以及耐久性研究等。

岳清瑞等对 CFRP 加固钢结构进行了一系列理论和试验研究,在结合已有研究成果的基础上,出版了《碳纤维增强复合材料(CFRP)加固修复钢结构性能研究与工程应用》一书。该书的出版发行标志着我国在 CFRP 加固钢结构技术方面已经取得一定的研究成果。该书对钢结构的加固设计有一定的指导意义。国内外均有应用该技术成功加固钢结构的工程案例。Phares 等介绍了采用 CFRP 加固两座钢桥的工程示例。美国 Delaware 大学为提高钢-混凝土组合梁桥的抗弯刚度,在钢梁受拉翼缘粘贴 CFRP 板。中冶建筑研究总院有限公司通过粘贴 CFRP 提高宝钢冶炼车间吊车梁的疲劳性能。

目前,CFRP 加固钢结构技术的应用与研究主要有以下几种形式:

(1)钢梁的受弯加固。为提高钢梁的抗弯承载力和抗弯刚度,在钢梁的受拉翼缘粘贴 CFRP。

(2)钢梁的受剪加固。为提高钢梁的抗剪承载力,在钢梁的腹板粘贴 CFRP。

(3)钢管柱的受压加固。为提高钢管、钢柱或钢管混凝土的抗压承载力,在其表面环向缠绕粘贴 CFRP,增强其局部稳定性或整体稳定性。

(4)钢板的受拉加固。为提高钢板的抗拉承载力,在钢板表面粘贴 CFRP。

(5)疲劳损伤加固。为提高疲劳损伤钢构件的剩余疲劳寿命,在其表面粘贴 CFRP。

(6)钢结构节点的加固。在构件焊缝处缠绕包裹 CFRP 或铆钉附近粘贴 CFRP 来加固钢结构节点。

1.2　CFRP-钢界面行为的研究进展

实际加固工程中胶黏剂层的厚度都是毫米量级,其厚度与被加固的结构尺寸相比是非常小的。为了方便研究成果的表达,研究者一般认为胶黏剂层就是 CFRP-钢之间的黏结界面。本书中如无特别说明,均定义 CFRP-钢的界面为胶黏剂层。

1.2.1　胶黏剂蠕变试验研究

土木工程结构大多承受荷载较大,服役周期较长。环氧树脂胶黏剂作为 CFRP 加固结构时常用的胶黏剂,即使其玻璃转变温度高于常温,仍表现出一定的黏弹性行为。胶黏剂在长期荷载作用下将产生蠕变变形,尤其是在湿热环境中蠕变现象更加明显。胶黏剂的蠕变是指在应力不变的情况下,应变随时间增长的现象。典型的胶黏剂变形与时间关系如图 1-1 所示。胶黏剂在荷载作用下首先发生弹性变形,即图 1-1 中 OA 段,可以称为弹性阶段。随后胶黏剂将发生蠕变变形,可将蠕变变形随时间变化规律分为三个阶段:(1)过渡蠕变阶段,即图 1-1 中 AB 段,弹性变形完成后,胶黏剂这种高分子材料在持续荷载的作用下发生蠕变,随着时间的增加蠕变变形速率不断减小;(2)稳态蠕变阶段,即图 1-1 中 BC 段,蠕变变形速率减小到稳定值,并且变形速率在 BC 阶段基本保持不变;(3)破坏阶段,即图 1-1 中 CD 段,蠕变变形速率快速增大,蠕变变形快速增加,直到胶黏剂发生断裂。当胶黏剂变形发生第三阶段蠕变变形时材料已经接近破坏,因此正常使用阶段胶黏剂的蠕变研究主要集中在前两个阶段。胶黏剂的蠕变会产生加固后结构的应力重分布和附加变形。胶体的黏弹性特性受到外荷载的大小、作用历史和时间及环境温湿度的影响。

近年来,关于胶黏剂的黏弹性及其对加固结构的影响已逐渐成为研究的热点。为建立胶黏剂的黏弹性本构关系,研究者进行了大量的研究工作。目前针对加固用胶黏剂黏弹性的试验研究主要有以下两类:一是胶体的蠕变试验,包括单轴拉伸蠕变试验和单轴压缩蠕变试验;二是搭接接头的拉伸蠕变试验,包括 FRP-混凝土双搭接拉伸蠕变试验。

Dean 进行了环氧树脂胶黏剂胶体的单轴拉伸蠕变和单轴压缩蠕变试验,研究表明拉伸蠕变和压缩蠕变的曲线具有不同的曲率,潮湿环境中胶体的蠕变速率明显高于干燥环境,应用标准线性固体模型表征胶体的黏弹性本构关系。

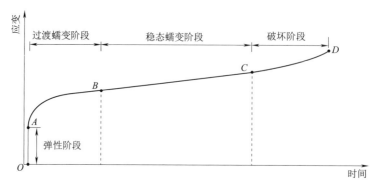

图 1-1　典型的胶黏剂变形与时间关系

　　Majda 和 Skrodzewicz 通过胶体的单轴拉伸蠕变试验研究表明,在室温条件下较短的时间内,胶体就表现出明显的黏弹性性质,应用改进的 Burgers 模型表征黏弹性本构关系,推导了模型中参数与加载应力的关系,常温条件下胶黏剂表现出明显的非线性黏弹性行为,不服从 Boltzmann 叠加原理。

　　Costa 和 Barros 为研究 20 ℃ 相对湿度为 60% 条件下胶体黏弹性本构关系,共进行了 3 种应力水平 9 个试件拉伸蠕变试验。首先对胶体试件进行拉伸破坏,测定其短期抗拉强度,蠕变试验加载应力水平分别为短期抗拉强度的 20%、40% 和 60%。试验研究表明,持载应力水平小于 60% 抗拉强度时,胶黏剂表现出线黏弹性行为;改进的 Burgers 模型表征的蠕变应变和蠕变模量曲线与试验结果吻合较好;胶体试件发生蠕变后,其最大蠕变应变达到 2 倍的短期极限拉伸应变也没有发生断裂破坏,这可能是结构内部某种原因引起的。

　　长期的蠕变试验耗时久、费用高,对研究者来说是承受不起的。时间-温度等效原理(TTSP)可用于胶黏剂蠕变行为的加速表征,通过较高温度下的胶黏剂短期蠕变试验预测其在较低温度下的长期蠕变行为。Houhou 等进行了多种温度和应力水平下的胶体短期拉伸蠕变试验,利用时间-温度等效原理构建了不同拉伸应力下的蠕变主曲线,应用 Burgers 模型描述蠕变主曲线,回归分析得到了模型中各参数与拉伸应力的关系。随后进行了为期一个月的 CFRP-混凝土拉伸试件的蠕变试验。基于 Burgers 本构模型开展了 CFRP-混凝土拉伸试件的数值模拟。由于胶黏剂的蠕变行为,CFRP-混凝土界面发生了应力重分布;CFRP 端部界面的峰值剪应力随加载时间增加而减小;CFRP 应变有限元计算结果与试验数据吻合较好。

　　胶体试件在轴向荷载作用下将产生轴向的蠕变变形,致使胶体截面的面积随加载时间的增加而减小,在轴向荷载不变的前提下,截面上的应力将会随加载时间而增加,也就是说加载应力是时刻变化的,因此,胶体拉伸蠕变试验得出的某一应力下胶黏剂的单轴黏弹性本构关系是不准确的。另外,CFRP 加固结构体系中的胶层变形主要以拉伸变形为主。所以,胶黏剂的拉伸黏弹性本构关系才是研究的重点。通过 FRP-混凝土双搭接拉伸蠕变试验,能够获得胶黏剂拉伸黏弹性本构关系。

　　Choi 等对 3 个 CFRP-混凝土拉伸试件进行了为期 6 个月的蠕变试验。试验考虑了两种主要参数:界面剪应力水平和胶层厚度。结果表明:胶黏剂有明显的时变行为,界面剪应力水平对 CFRP-混凝土界面胶层的长期行为具有显著影响,胶层的蠕变将会导致 FRP-混凝土界面的应力重分布。在 Choi 等研究的基础上,Meshgin 等为进一步研究界面剪应力水平、胶层厚度和胶黏剂养护龄期对胶黏剂蠕变行为的影响,对 9 个 CFRP-混凝土拉伸试件进行了长达 9 个月的蠕变试验。研究结果表明:界面剪应力水平和胶黏剂养护龄期是影响胶黏剂黏弹性性质的重要因素;当胶黏剂养护龄期小于 7 d 时,界面剪应力水平对胶黏剂蠕变行为影响较大;胶黏剂蠕变变形完成时间与混凝土相比要短得多;在胶层较厚和界面剪应力水平较高的情况下,胶黏剂的蠕变能够导致黏结界面失效。这里采用改进的 Maxwell 模型和 Findley 幂律方程来表征胶层的黏弹性本构关系,改进的 Maxwell 模型对试件变形的预测结果与试验结果吻合较好,而 Findley 幂律方程的预测结果偏高。

Ferrier 等通过 FRP 加固混凝土结构的双搭接拉伸蠕变试验,根据时间-温度等效原理(TTSP),利用短期加速试验技术,获得胶层的长期黏弹性特性,研究表明:当胶层最大蠕变剪应力小于 40% 极限拉伸强度时,胶黏剂的蠕变行为表现为线黏弹性,否则表现为非线黏弹性行为;串联的标准线性固体模型能精确表征胶层的黏弹性,依据增量形式的线黏弹性理论和有限元分析的计算结果与试验结果吻合良好。

Diab 和 Wu 应用广义的 Maxwell 本构模型表征 FRP-混凝土界面的长期性能,该模型能够模拟胶层的蠕变行为和 FRP-混凝土界面的蠕变断裂发展等,利用时间增量程序模拟胶层的线性黏弹性,利用微滑移准则(MSCM)表征胶层的非线性黏弹性特性,建立有限元模型求得广义的 Maxwell 本构模型的参数,并通过双搭接拉伸蠕变试验结果进行验证。

基于胶黏剂的黏弹性本构关系,可以应用有限元方法模拟界面的时变行为。Ferrier 等将串联的标准线性固体模型用于拉伸试件蠕变的有限元分析,结果表明混凝土的徐变对界面剪应力的影响很大,设计分析时应综合考虑混凝土徐变和胶黏剂蠕变的共同作用;Choi 等将 Meshgin 改进的 Maxwell 模型用于 CFRP 加固混凝土的长期性能分析,结果表明考虑胶层蠕变和混凝土徐变比单独考虑混凝土徐变对长期挠度的影响大;Houhou、Diab 和 Wu 等分别将改进的 Burgers 模型和广义的 Maxwell 模型用于双搭接拉伸蠕变的数值模拟,结果表明胶黏剂蠕变导致界面峰值剪应力减小,这对加固结构长期受力是有益的。因此,胶黏剂蠕变对加固后结构界面的影响需要进一步的试验和理论分析。

综上所述,可以得到以下结论:在室温条件下,胶体表现出明显的黏弹性性质;温度和湿度等环境因素对胶体的蠕变影响较大;黏弹性本构模型中参数与应力水平等有关,胶黏剂的黏弹性会导致 CFRP-钢界面发生应力重分布,从而界面的力学行为变得更加复杂。虽然学者已经对胶黏剂的黏弹性开展了一定的研究,但主要集中在胶体的拉伸蠕变试验和 CFRP-混凝土拉伸蠕变试验。对 CFRP-钢界面应进行蠕变试验研究,建立符合实际的胶黏剂的黏弹性模型,可以充分反映胶黏剂的黏弹性特性,从而解决钢结构加固后的应力和应变分析问题。

1.2.2 界面应力分析研究

粘贴加固技术能在结构尺寸和自重几乎不改变的前提下,有效地提高结构的强度和刚度。粘贴加固后的黏结界面对荷载的传递起着重要的作用。已有的研究表明,CFRP 加固钢结构破坏形式以界面黏结失效为主,这是因为界面与钢材和 CFRP 相比属于"弱相"。界面两侧的材料性质不同,受力状态复杂,因此,分析界面的应力状态对于了解荷载的传递机理和界面的破坏是相当重要的。在过去的20多年时间里,研究者对 FRP 加固技术界面的应力状态进行了大量的理论研究工作。这些研究方法大体可分为两种:一是弹性应力分析法;二是有限元分析法。

弹性应力分析法是采用弹性力学方法计算 FRP 与原结构之间的界面黏结应力。早期的研究针对粘贴钢板加固,而近期的研究主要以粘贴 FRP 加固混凝土结构和钢结构为对象。界面应力的分析通常采用弹性变形的假设,钢板与 FRP 的区别仅仅在于弹性模量的不同,因此粘贴钢板加固的界面应力分析也适用于粘贴 FRP 加固。现有的分析方法总结起来有两类:一是 Roberts、Roberts 和 Haji-Kazemi 采用的阶段分析方法;二是 Vilnay、刘祖华和朱伯龙、Taljsten 和 Malek 等直接考虑变形相容性条件的求解方法。它们都假定材料是线弹性的,界面剪应力和剥离应力沿胶层厚度方向是常数。Smith 和 Teng 总结了现有分析方法的不足,推导了片材加固混凝土界面应力相对简化且最为精确的闭合解。但其在求解微分方程的时候,还是忽略了拉伸变形的影响。Yang、Tounsi、Narayanamurthy 和 Guenaneche 等为获得更精确的界面应力分布,在解微分方程的时候考虑了拉伸变形的影响。即使如此,微分方程仍不能满足端部剪应力为零的边界条件。为此,Rabinovich 和 Frostig 给出了界面应力的高阶解析解,但未能给出界面应力的显式表达式。Shen 和 Yang 等的高阶解析解给出了界面应力的显式表达式,但表达式较为复杂,不适合直接用于加固设计。近似解的计算结果不符合端部剪应力为零的边界条件,但这一点在实际应用中并非十分重要,因为它仅仅影响到板端附近很小区域的界面应力。高阶解析解能满足端部剪应力为零的边界条件,能得出端部的剥离应力且更加精确。它们的缺点在于其复杂性,求解烦琐且数值结果不易获得。

刘敏对 CFRP 加固受拉钢板界面应力进行了分析。李春良等推导了 CFRP-钢界面剪应力的计算公式,分析了 CFRP 端部不同锚固程度时界面剪应力的分布规律。徐佰顺等考虑混凝土的收缩徐变效应,对 CFRP 加固混凝土梁界面应力随时间变化规律做了分析。邓军等对预应力 CFRP 加固梁的界面应力进行了推导。蒋鑫等在界面应力推导的过程中考虑了温度的影响。

对 CFRP 加固结构进行有限元分析时,确定胶层实际受力的本构关系是模拟分析的重点。Teng 等利用 LUSAS 对粘贴加固 RC 梁界面受力情况做了系统研究及参数分析,胶层-混凝土界面、CFRP-胶层界面及胶层中部的应力相差很大,有限元结果与解析结果吻合较好。CFRP 加固混凝土结构方面,张继文、吴志平、Chen 和 Qiao、Lei、Jiang 和 Qiao 等均进行了有限元分析。CFRP 加固金属结构方面,为完美模拟胶层的实际受力状态,Tran 和 Shek 提出了"拉伸弹簧",Sun 等提出了"双板-弹簧",彭福明等提出了"三维实体-弹簧-壳元",郑云等提出了"三维实体-弹簧-板",曹靖提出了"三维实体-桁架-壳元"。

学者对界面应力开展了大量的研究工作,建立了界面应力精确的闭合解和高阶解析解,进行界面应力分析时考虑了 CFRP 和梁的弯曲变形、轴向变形和拉伸变形。在有限元方法分析中,建立了模拟界面的有限元模型。然而,已有的界面应力研究均假定材料是线弹性的。实际上,胶黏剂是黏弹性材料,其蠕变特性必然对界面应力产生影响。

1.2.3　界面黏结性能的研究

CFRP 与钢之间的界面起到传递荷载、协调变形,保证 CFRP 与钢共同工作的作用,其黏结性能的好坏是 CFRP 加固钢结构成败的关键。试验及理论研究结果表明,CFRP 加固钢结构体系的失效模式主要是 CFRP 与钢结构界面的黏结失效破坏。因此,有必要开展界面的黏结性能研究。一般采用黏结-滑移本构模型表征界面的黏结性能。对于 CFRP 加固混凝土结构,研究者通过理论和试验研究建立了大量的黏结-滑移本构模型。钢材强度要高于混凝土强度,CFRP 加固钢结构主要是黏结界面破坏,而非像 CFRP 加固混凝土是基材混凝土被拉裂。因此,不能简单地将 CFRP-混凝土界面的黏结-滑移本构模型应用到 CFRP 加固钢结构上。FRP 与混凝土或钢材黏结界面黏结性能的试验方法主要有四种:单面搭接拉剪试验、双面搭接拉剪试验、压剪试验以及梁式试验,如图 1-2 所示。

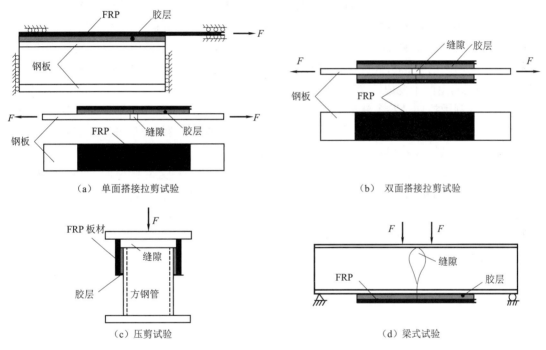

（a）单面搭接拉剪试验　　　　　　　　　（b）双面搭接拉剪试验

（c）压剪试验　　　　　　　　　（d）梁式试验

图 1-2　FRP-钢界面黏结性能试验研究方法

注:F 为施加的集中力。

Xia 和 Teng 为研究纤维增强复合材料与钢材界面的黏结性能,对 13 个不同设计参数的 CFRP-钢单搭接试件进行了拉剪试验,试验考虑了胶层厚度和胶黏剂类型对界面黏结性能的影响。研究结果表明:CFRP-钢界面破坏形式与胶层的厚度有很大关系,当胶层厚度较薄时,界面破坏形式为胶层的拉伸破坏,当胶层较厚时,界面破坏形式为 CFRP 的层间剥离破坏;界面的断裂能与胶黏剂的抗拉强度和胶层厚度均有关;可采用双线性黏结-滑移本构模型表征 CFRP-钢界面的黏结-滑移曲线。

Yu 等通过单剪试验方法研究了 CFRP-钢界面的力学行为,试验考虑的因素包括胶层厚度、胶黏剂性能以及 CFRP 板的轴向刚度。试验结果表明:界面断裂能对界面黏结强度的影响最大;非弹性胶黏剂具有较小的弹性模量和较大的变形能力,从而具有比弹性胶黏剂较大的界面断裂能,其界面极限承载力也较大;使用弹性胶黏剂的 CFRP-钢界面黏结-滑移曲线具有三角形特征,而对于非弹性胶黏剂则具有梯形特征。

马建勋等通过单搭接接头的拉伸试验研究了 CFRP 布-钢的界面黏结性能。研究表明:CFRP 厚度较小时,试件为钢-胶界面破坏,CFRP 厚度较大时,试件为 CFRP 的层间剥离破坏;界面的极限承载力随着 CFRP 粘贴层数的增加而增大;界面极限承载力受底层树脂和 CFRP 与钢宽度比的影响较小。

王海涛和吴刚对 CFRP 板与钢材单搭接试件进行了试验研究,试验包括 8 个试件,考虑的胶黏剂类型分别为 Sikadur 30 和 Araldite 2015,胶层厚度分别为 0.5 mm、1.0 mm 和2.0 mm。研究表明:使用 Araldite 2015 型胶黏剂的界面极限承载力大于使用 Sikadur 30 型胶黏剂的界面;胶层越厚,界面极限承载力越高;CFRP-钢界面黏结-滑移曲线具有双线性的特点。

对 CFRP-钢单剪试件进行拉伸加载时,万能试验机夹具的钳口直接钳在 CFRP 上,CFRP 片材易因不均匀受力而发生撕裂,外荷载引起的偏心弯矩在黏结界面上产生法向应力,其对试验结果有一定程度的影响,而双面搭接试件就不会出现这个问题。采用双面搭接试件进行拉剪试验,夹具夹持在钢板上,此方法主要有两个优点:(1)保证荷载轴向传递,不额外产生偏心弯矩;(2)测试面由两个变成四个,增加试验数据。

Fawzia 等利用拉伸试验方法研究了 CFRP 弹性模量的大小对 CFRP-钢界面力学行为的影响。研究表明:粘贴高弹模 CFRP 的试件破坏模式为碳纤维丝断裂,而粘贴普通弹模 CFRP 的试件破坏模式为黏结失效;当 CFRP 粘贴长度较短时,粘贴普通弹模 CFRP 的试件极限承载力低于粘贴高弹模 CFRP 的试件极限承载力,而当 CFRP 粘贴长度足够长时,粘贴普通弹模 CFRP 的试件却具有更高的极限承载力;界面的黏结-滑移曲线可采用双线性模型表征。随后 Fawzia 等通过试验方法和有限元方法对 CFRP-钢界面双线性黏结-滑移关系进行了系统的研究,考虑的参数有 CFRP 的粘贴长度、胶的最大应变和胶层厚度。研究表明:当 CFRP 粘贴长度大于有效黏结长度后,其对黏结-滑移关系没有影响;胶的最大应变对黏结-滑移模型中的最大滑移量有着直接影响,而对峰值滑移量和最大剪应力没有影响;随着胶层厚度的增加,峰值滑移量和最大滑移量均增大。

Bocciarelli 等基于断裂力学原理提出了 CFRP-钢界面的剥离强度模型,模型中考虑了钢板的弹-塑性行为以及界面的内聚破坏。通过 CFRP-钢双搭接试件的拉剪试验以及数值分析对剥离强度模型进行了验证。参数分析表明界面剥离强度的模型预测结果与数值分析结果吻合较好。

杨勇新等通过静力拉伸试验研究了 CFRP 布加固损伤钢板和未损伤钢板的黏结性能。研究中考虑了高强型和高模型 CFRP 布以及 CFRP 布端部不锚固、压条锚固和缠绕锚固参数对极限荷载的影响。研究表明:CFRP 能够有效提高钢板的屈曲强度,但是对极限强度提高不大;高模型 CFRP 布加固损伤钢板的效果比高强型 CFRP 布好;采取一定的锚固措施,能保证 CFRP 和钢板之间不发生剥离,能够有效提高承载能力。

Wu 等对高模型 CFRP-钢拉伸试件进行了一系列拉伸试验,试验使用了两种胶黏剂,分别为 Araldite 胶和 Sikadur 胶。研究表明:使用 Araldite 胶和 Sikadur 胶试件的有效黏结长度分别位于 100 ~ 120 mm 之间以及 70 ~ 100 mm 之间,这是因为 Araldite 胶比 Sikadur 胶具有较好的延性;试件的破坏模式与胶黏剂类型有关,随着 CFRP 粘贴长度的增加,Araldite 胶试件由 CFRP 剥离破坏转变为 CFRP 断裂破坏,Sikadur 胶试件主要为胶层内聚破坏。

彭福明等通过 CFRP-钢拉伸试件的拉伸试验研究了界面的极限强度和黏结耐久性,通过相应的试验初选了三种胶黏剂,分别为 Araldite 2015、Sikadur 330 和 Tyfo MB,以它们为黏结材料的拉伸试件破坏模式依次为 CFRP 板表层纤维剪切、胶黏剂和钢板之间破坏、CFRP 板与胶黏剂之间破坏。彭福明等初步建立了界面拉伸强度的老化模型。郭攀通过试验研究了 CFRP-钢界面的黏结强度,推导了 CFRP-钢界面剪应力计算公式,理论计算结果与试验值吻合较好,并通过有限元分析进行了验证。

除了采用拉剪试验研究 CFRP 与钢材之间的黏结性能,还可以采用压剪试验方法或梁式试验方法。Damatty 等为研究 FRP 与钢界面的拉伸和剥离行为进行了 FRP 板材粘贴于矩形空钢管外表面的压剪试验,通过两个连续的弹簧系统模拟 FRP 板材在面内和面外的力学行为,计算了黏结系统在面内和面外的刚度。Nozaka 等探讨了 CFRP 加固疲劳损伤工字形钢梁 CFRP 有效黏结长度的计算方法,提出了胶层剪应变的计算公式。齐爱华在钢胶连接的两个工字形钢梁底部粘贴 CFRP,并对 66 个此类试件开展模型试验,确定了影响 CFRP-钢界面黏结性能的基本参数,分析了界面的破坏机理,推导了黏结界面剪应力的计算公式。

此外,CFRP-钢界面的耐久性能也是研究的热点。施慕桓通过梁式试验研究了高温高湿环境对 CFRP-钢界面黏结耐久性的影响。结果表明:在高温高湿环境下,随着持载时间的增加,试件极限承载力有显著的降低。Woods 通过单剪试验方法研究了环境因素对 FRP-钢界面的黏结强度和断裂韧性的影响,这些环境因素包括高温、酸性、碱性、海水和高湿环境。结果显示 FRP-钢界面具有很好的耐久性能。关健记研究了过载损伤和湿热循环对 CFRP-钢界面黏结耐久性的影响。研究表明:湿热循环导致 CFRP-钢界面黏结性能显著降低,湿热循环后过载损伤对界面黏结性能没有影响。胡安妮对 FRP-钢黏结界面的耐久性能进行了系统的试验研究。结果表明:干湿交替和冻融循环作用均会降低 FRP-钢界面的黏结极限荷载,干湿交替循环达到一定次数,黏结极限荷载降低到稳定值,冻融循环次数与黏结极限荷载没有明显的相关性。任慧韬等采用梁式试验方法研究了荷载和干湿交替共同作用对 CFRP-钢界面黏结性能的影响。结果表明:荷载和干湿交替循环作用导致 CFRP-钢界面黏结性能显著降低,表现为极限荷载只能达到对比试件的 22%。界面黏结性能劣化的主要原因是胶黏剂吸湿后的抗剪强度降低以及腐蚀环境对界面造成的损伤。

以上研究的都是 CFRP-钢界面在静力荷载作用下的黏结性能。实际上,大多工程结构都受到动力荷载的作用,如车辆荷载对桥梁结构的作用等。因此,CFRP-钢界面的动态黏结性能也是研究的重点。Zhao 等系统地介绍了疲劳、冲击和地震等动态荷载作用下 CFRP-钢界面黏结性能的研究现状。

Wu 等对高模型 CFRP-钢双搭接试件进行了疲劳试验。疲劳荷载对试件的破坏模式没有影响;随着疲劳荷载比值的增加,界面黏结强度有下降的趋势;疲劳荷载对黏结界面的影响很小,即“疲劳损伤区域”面积较小,因此,疲劳荷载对界面黏结性能的影响可以忽略不计。

Al-Zubaidy 等通过拉伸试件的动态拉伸试验研究了 CFRP-钢界面动态黏结性能。研究表明:当 CFRP 粘贴长度小于有效粘贴长度时,界面黏结强度随着加载速率的增加而增大。杨进通过对 CFRP 加固钢梁进行冲击试验研究了 CFRP-钢界面的动态黏结性能。研究表明:造成试件产生剥离破坏是冲击作用引起的界面剥离应力与结构变形引起的界面剪应力共同作用结果;随着冲击速度的增加,极限荷载和平均黏结强度均有明显增加。

虽然学者进行 CFRP-钢界面黏结性能研究采用的试验方法和试验条件不同,但还是可以得出一些具有共性的结论:

(1)胶黏剂弹性模量、胶层的厚度、CFRP 弹性模量和 CFRP 厚度对 CFRP-钢界面的极限承载力和破坏模式均有一定程度的影响;有效的锚固措施能提高界面承载力。

(2)使用弹性胶黏剂的 CFRP-钢界面黏结-滑移曲线具有三角形特征,可采用双线性本构模型表征界面的黏结-滑移关系;非弹性胶黏剂具有较小的弹性模量和较大的变形能力,从而具有比弹性胶黏剂较大的界面断裂能,使用非弹性胶黏剂的 CFRP-钢界面极限承载力也较大,其黏结-滑移曲线具有梯形的特征。

(3)恶劣环境作用会降低 CFRP-钢界面的黏结性能,尤其是在荷载与环境耦合作用下,界面黏结性能的劣化会更加显著。

CFRP-钢界面的黏结性能研究已经取得丰硕的成果,为 CFRP 加固钢结构技术的发展提供了理论依据。然而,荷载作用下胶黏剂的蠕变变形会导致黏结界面产生蠕变损伤。黏结界面的蠕变损伤会对 CFRP-钢界面的黏结性能造成一定的影响。

1.3　存在的问题

通过对学者关于 CFRP-钢界面力学行为研究成果的学习和总结,发现存在以下问题有待深入研究。

1. CFRP-钢界面胶黏剂的拉伸黏弹性本构关系

掌握胶黏剂材料的力学性能是进行钢结构加固设计的前提条件。胶黏剂作为高分子材料,具有与时间相关的黏弹性特性。在荷载作用下,胶黏剂会发生蠕变,从而导致加固后的结构发生应力重分布,这会对加固后结构的力学行为产生一定的影响。建立符合实际的胶黏剂黏弹性本构关系是 CFRP-钢界面力学行为研究的基础,因此需要对 CFRP-钢界面拉伸蠕变行为展开深入的研究。

2. 胶黏剂蠕变对 CFRP-钢界面黏结性能的影响

虽然学者已经对 CFRP-钢的黏结-滑移关系和剥离机理做了较系统的研究,但是这些研究多是在 CFRP-钢黏结界面没有任何荷载作用历史的前提下进行的。实际上加固的钢结构服役周期一般较长,服役期间可能受到不同加载历史的外荷载作用。在界面应力水平低于极限黏结强度时,持续荷载作用不会导致黏结界面发生剥离破坏,但会导致界面胶黏剂发生蠕变变形,蠕变变形产生的蠕变损伤会对界面的黏结性能造成一定的影响。目前,关于这方面的研究几乎没有。

3. 界面应力的参数敏感性分析

分析界面的应力状态对于了解荷载的传递机理和界面的破坏特征是相当重要的。黏结界面两侧的材料性质不同,界面受力状态复杂。既有的界面应力弹性分析方法和有限元分析方法较多,且理论计算结果和试验结果吻合也较好。对影响界面应力的各参数进行参数敏感性分析,有利于明确各参数对界面应力的影响程度,以便在加固设计中合理地设计各参数的大小。目前,对界面应力进行参数敏感性分析的研究文献资料较少,有待于展开进一步的研究。

4. CFRP 加固受弯钢梁的时变力学行为研究

钢梁作为常用的受力结构,对其进行加固是 CFRP 加固钢结构技术研究的重点。不管是预应力 CFRP 加固钢梁,还是非预应力 CFRP 加固钢梁,正常使用阶段 CFRP-钢黏结界面上均存在一定的应力,因而导致胶黏剂发生蠕变,引起界面应力的重分布。建立包含胶层黏弹性的 CFRP-钢界面力学行为分析方法,有利于在服役周期内对界面应力分布状态、钢梁弯矩变化和 CFRP 轴力变化进行全面掌握,便于对结构加固的效果做出正确的评价。虽然 CFRP 加固结构的研究工作已经取得一定成绩,相关规范也在逐步完善,但加固后结构的长期性能的研究还很少见,尤其对于 CFRP 加固钢结构的时变力学行为研究几乎没有。

1.4　本书主要内容

针对胶黏剂具有黏弹性的特性,目前相关研究中未考虑其对 CFRP-钢界面力学行为的影响,本书在归纳总结已有研究成果的基础上,论述了 CFRP-钢复合结构界面时变力学行为的试验研究、理论推导和数值仿真。本书主要内容如下:

(1)在对胶黏剂黏弹性研究进行综合概述的基础上,归纳了影响胶层蠕变的因素,分析了 CFRP-钢拉伸试件的蠕变试验研究。考虑了持载水平和持载时间对胶层蠕变的影响;详尽地叙述了拉伸试件的设计与制作过程,应变测点布置方案和胶层厚度的测量方法;介绍了根据杠杆原理自制的蠕变试验加载装置,规定了蠕变试验的加载程序;给出了蠕变试验结果,包括 CFRP 应变分布随时间的变化规律以及单个测点应变随时间变化情况。

(2)在归纳和总结已有的胶黏剂黏弹性本构模型的基础上,结合蠕变试验数据分析结果,采用修正的 Burgers 模型和 Findley 幂律方程表征 CFRP-钢界面受剪状态下胶黏剂的黏弹性本构关系。根据拉伸试件的受力特点,给出胶层拉伸变形和拉伸蠕变柔量的求解方法。根据本构模型的特点,分析模型中各参数的求解方法。论述了持载水平和持载时间对本构模型中各参数的影响,将两种本构模型的蠕变柔量预测曲线和试验曲线进行对比分析,从而确定更加适合的本构模型。基于黏弹性力学理论,在假定胶层受纯拉伸应力作用的基础上,分析了拉伸试件界面剪应力的黏弹性解析解,并将理论计算结果与试验值进行对比分析。

(3)在蠕变试验的基础上,分析各组 CFRP-钢拉伸试件的静力拉伸试验,以期研究不同蠕变损伤程度对界面黏结性能的影响。对试验结果进行详细分析,包括破坏过程、破坏特征、荷载-位移曲线、CFRP 应变分布规律以及黏结-滑移曲线。通过理论分析和试验结果的分析,阐述胶黏剂蠕变对 CFRP-钢界面黏结性能的影响。在总结既有黏结-滑移本构模型特点的基础上,提出考虑胶黏剂蠕变损伤影响的 CFRP-钢界面双线性黏结-滑移本构模型,并利用该模型对 CFRP-钢界面剥离破坏全过程进行分析,包括界面剥离前的弹性阶段、界面开始软化的弹性-软化阶段、界面开始剥离的弹性-软化-剥离阶段以及即将破坏的软化-剥离阶段。

(4)对 CFRP 加固受弯钢梁黏结界面应力进行了弹性分析,分析时考虑了外荷载和温度荷载的共同作用,并分别对均布荷载、单个集中力和两个对称集中力作用下界面应力进行了求解。对界面应力进行参数敏感性分析,阐述胶层厚度、CFRP 厚度、CFRP 弹性模量和 CFRP 端部离支座的距离对界面应力的影响,并运用敏感性分析的基本理论,从定量的角度分析界面应力对各参数的敏感程度。

（5）基于胶黏剂的黏弹性本构模型，利用黏弹性力学理论及拉普拉斯变换的数学方法，分析 CFRP 加固受弯钢梁黏结界面应力、CFRP 轴力、钢梁弯矩和加固梁挠度的拉普拉斯像空间解析解，并通过拉普拉斯逆变换的数值反演法进行方程求解。结合有限元计算模型分析胶黏剂黏弹性对加固梁力学行为的影响，阐述界面峰值剪应力、界面峰值剥离应力、CFRP 轴力、钢梁弯矩以及加固梁挠度随着持载时间的变化情况。

小　结

本章主要介绍了 CFRP 加固钢结构的研究现状，并对研究中尚存在的一些问题进行了总结，主要内容如下：

（1）介绍了 CFRP 加固钢结构技术的概念、优点及发展历史；总结了 CFRP 加固钢结构技术的应用领域与研究的主要方向。

（2）系统阐述了 CFRP 加固钢结构黏结界面力学行为的研究情况，包括加固用胶黏剂蠕变试验研究进展、CFRP-钢界面应力分析研究进展、CFRP-钢界面黏结性能的研究进展；总结了学者开展 CFRP-钢界面黏结性能研究的共性结论。

（3）通过对学者关于 CFRP-钢界面力学行为研究成果的学习和总结，阐释了一些值得深入研究的问题，也是本书论述的主要内容，分别是 CFRP-钢界面胶黏剂的拉伸黏弹性本构关系、胶黏剂蠕变对 CFRP-钢界面黏结性能的影响、界面应力的参数敏感性分析、CFRP 加固受弯钢梁的时变力学行为研究。

（4）对本书各章的主要内容进行了简要介绍。

第2章　CFRP-钢界面时变黏结性能试验研究

粘贴 CFRP 加固钢结构时,外荷载需要通过黏结界面传递应力,使 CFRP 承受纵向拉力,从而达到提高结构承载力的作用。因此,CFRP-钢界面的良好黏结是保证两种材料共同工作的基础。现有研究表明,大量的 CFRP 加固钢结构构件往往由于界面剥离而发生破坏。研究 CFRP 与钢材界面黏结性能对于建立 CFRP 加固钢结构的设计计算理论具有重要的意义。

本章从工程实际出发,并结合已有的研究成果,采用拉伸试验方法论述 CFRP-钢界面的黏结性能。结合试验目的及预期成果,阐述试件设计与制作、应变测点布置以及试验加载装置设计相关内容。试验中,采用自制的加载装置对 CFRP-钢拉伸试件进行蠕变试验,试验时考虑持载水平、持载时间两个参数的影响;待蠕变试验完成后,采用万能试验机对拉伸试件进行静力拉伸试验。

2.1　试验概况

2.1.1　试验材料

本次试验采用的 CFRP 为 UT70-30 型,根据厂家提供的检测报告,其力学性能见表2-1。

表2-1　CFRP 的力学性能

型号	单层厚度 t/mm	弹性模量 E/GPa	拉伸强度 f_t/MPa	伸长率	纤维单位面积质量/(g/m^2)
UT70-30	0.167	237	3 920	1.71%	300

试验用钢板选用国内常用的 Q235 钢,按照规范要求制作钢板试样,依据规范进行拉伸试验。根据钢板试样的拉伸试验结果,其力学性能见表2-2。

表2-2　钢材力学性能

型号	厚度 t/mm	弹性模量 E/GPa	屈服强度 f_y/MPa	极限强度 f_u/MPa	屈服应变 ε_y	延伸率 δ/%
Q235	6	189.9	309.2	469.6	0.018	27.9

胶黏剂采用适合于 CFRP 加固结构的爱牢达胶黏剂 XH 180 A CI 型,根据厂家提供的材料参数,其力学性能见表2-3。表2-3 中胶黏剂的各项力学性能符合《公路桥梁加固设计规范》(JTG/T J22—2008)中4.6.2 条规定。

表2-3　胶黏剂力学性能

型号	弹性模量 E/MPa	拉伸强度 f_t/MPa	钢-钢拉伸抗剪强度 f_v/MPa	伸长率/%
XH 180 A CI	2 859	47	16	1.90

2.1.2 试件的设计与制作

本试验研究采用双面搭接拉剪试验方法。设计的 CFRP-钢双搭接拉伸试件如图 2-1 所示。试验在实验室条件下进行。每个试件具有相同的材料性能和几何尺寸,为充分观察试件的剥离破坏过程,CFRP 的粘贴长度应大于其有效黏结长度。考虑胶层蠕变引起的有效黏结长度增长,将测试端黏结长度确定为 200 mm。为便于试验现象的观察,在试件一端进行 CFRP 缠绕锚固。试验通过静力拉伸试验确定界面极限承载力,在蠕变试验中分别采用极限承载力对应荷载的 20%、40%、60%、75% 进行加载。

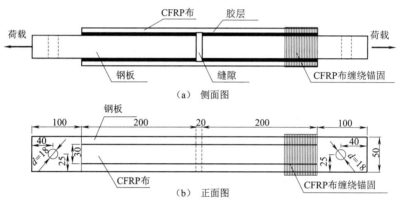

图 2-1　试件设计图(单位:mm)

A 组 3 个试件养护完成后,在万能试验机上进行静力拉伸试验,测定 CFRP-钢界面的极限承载力,以便确定蠕变试验的施加荷载大小。B 组 6 个试件在自制的杠杆加载装置上进行蠕变试验,加载的荷载取极限承载力的 20%,分别在试验开始后的第 5 d、10 d、20 d、35 d、60 d 和 90 d 分别取下一个试件进行静力拉伸试验,研究胶层蠕变对 CFRP-钢界面黏结性能的影响。C 组、D 组及 E 组试件与 B 组试件不同的是,蠕变试验施加的荷载分别取极限承载力的 40%、60%、75%。试件编号从 A-1 到 E-6,共计 27 个试件。A 组三个试件编号为 A-1 ~ A-3,其余长期加载试件分组情况见表 2-4。

表 2-4　CFRP-钢拉伸试件分组一览

试件编号	持载时间/d	应力水平	试件编号	持载时间/d	应力水平
B-1	5	20%	D-1	5	60%
B-2	10	20%	D-2	10	60%
B-3	20	20%	D-3	20	60%
B-4	35	20%	D-4	35	60%
B-5	60	20%	D-5	60	60%
B-6	90	20%	D-6	90	60%
C-1	5	40%	E-1	5	80%
C-2	10	40%	E-2	10	80%
C-3	20	40%	E-3	20	80%
C-4	35	40%	E-4	35	80%
C-5	60	40%	E-5	60	80%
C-6	90	40%	E-6	90	80%

试件的制作根据以下步骤进行:

(1)将钢板加工成图 2-1 所示的尺寸,然后将 CFRP 裁剪成相应的尺寸。

(2)为减小钢板表面锈蚀和油污等对界面黏结效果的影响,应对钢板表面进行打磨处理。采用角磨机对钢板进行打磨,直到除去锈迹呈现金属光泽,然后用砂纸除去表面的毛刺,如图 2-2(a)所示。

(a)钢板表面打磨处理　　　　　　　　(b)钢板表面酒精清洗

(c)CFRP的粘贴　　　　　　　　　(d)应变片的粘贴

图 2-2　CFRP-钢拉伸试件制作过程

(3)用棉球蘸取酒精擦拭钢板表面,以去除打磨留下的残渣,根据设计要求对钢板表面进行划线定位,如图 2-2(b)所示。

(4)由于 CFRP 直接从厂家获取,中途未拆开包装,所以几乎没有任何污染,只需用棉布擦除 CFRP 表面灰尘即可。棉布要采用柔软干净的,以免刮伤 CFRP 和产生二次污染。

(5)将爱牢达胶黏剂的环氧树脂和固化剂按 4∶1 比例混合并均匀搅拌,利用毛刷将胶黏剂均匀地涂抹在钢板的表面,按照布置要求将剪裁好的 CFRP 平直地铺在钢板上,利用刮板均匀挤压 CFRP 赶出气泡,然后在 CFRP 表面均匀涂抹一层胶黏剂。先粘贴一面,24 h 后再粘贴另外一面,如图 2-2(c)所示。

(6)待 24 h 后,对试件一端采用 CFRP 缠绕锚固。将制作好的拉伸试件在实验室条件下养护一周。待养护完成后,在非缠绕锚固端的 CFRP 上划线定位,依次粘贴应变片,如图 2-2(d)所示。

CFRP-钢拉伸试件制作完成后,各组试件如图 2-3 所示。

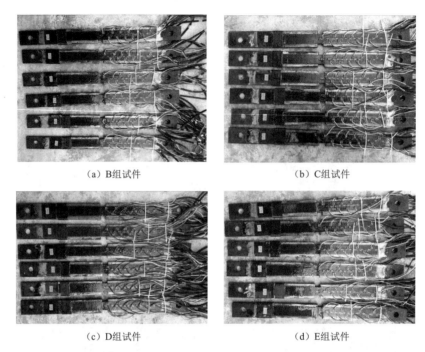

（a）B组试件　　　　　　　　　　（b）C组试件

（c）D组试件　　　　　　　　　　（d）E组试件

图 2-3　CFRP-钢拉伸试件制作完成

2.1.3　应变测点布置

为测量 CFRP 应变沿 CFRP 的分布规律,分析 CFRP 应变随时间的变化,获得胶层的黏弹性本构关系。在试件养护完成后,需要在 CFRP 表面粘贴应变片,应变片布置如图 2-4 所示。试件两面 CFRP 上应变变布置情况相同,每一面布置 12 个应变片,每个试件共布置 24 个应变片。为了便于表达试验结果,将应变片连接线为红色和黄色的一面定义为 a 面,应变片编号从缝隙开始依次定义为 a0# ~ a11#;将应变片连接线为蓝色和绿色的一面定义为 b 面,应变片编号从缝隙开始依次定义为 b0# ~ b11#。CFRP 布上粘贴的是 BX120-3AA 型电阻应变片,该应变片尺寸为 3 mm×2 mm,电阻值为 120 Ω,灵敏度系数为 2.05。应变片的应变采集采用静态电阻应变仪,如图 2-5 所示。

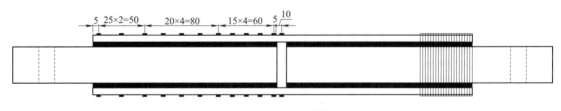

图 2-4　应变片布置(单位:mm)

应变采集时间如下:试验开始的前 5 d,每隔 3 h 采集一次;第 6 ~ 10 d,每隔 1 d 采集一次;第 11 ~ 30 d,每隔 2 d 采集一次;后期根据测量数据的变化情况逐渐减少测量频率。试验总时间为 90 d。

图 2-5　静态电阻应变仪

2.1.4　胶层厚度

制作试件用的钢板经过人工打磨后,其厚度会发生一定的减小。本书使用的 UT70-30 型 CFRP 单层厚度为 0.167 mm。由于胶黏剂的涂抹和 CFRP 的粘贴工作通过人工实现,所以不同试件以及同一试件不同位置处的胶层厚度肯定存在一定的差异。胶层厚度直接影响着 CFRP-钢界面的承载力。为减少人为操作引起的胶层厚度误差,所有试件的 CFRP 粘贴过程都由固定的两人负责。胶层厚度可采用下面的公式计算:

$$t_{胶层} = \frac{t_总 - t_{钢板} - 2t_{CFRP}}{2} \tag{2-1}$$

式中　$t_{胶层}$——胶层实测厚度;

　　　$t_总$——最终量取试件的总厚度;

　　　$t_{钢板}$——钢板经除锈、打磨后的厚度;

　　　t_{CFRP}——CFRP 的名义厚度,本试验中为 0.167 mm。

厚度的测量采用游标卡尺。在钢板侧面固定 4 个测点,首先测量钢板的厚度,待试件制作完成后,再测量试件总厚度,按式(2-1)计算胶层厚度,结果见表 2-5。

表 2-5　胶层厚度量测表　　　　　　　　　　　　　　单位:mm

编号	$t_{钢板}$					$t_总$					$t_{胶层}$
	测点 1	测点 2	测点 3	测点 4	平均	测点 1	测点 2	测点 3	测点 4	平均	
A-1	7.87	7.82	7.81	7.78	7.82	9.06	9.01	9.00	8.97	9.01	0.43
A-2	7.54	7.51	7.51	7.63	7.55	8.77	8.74	8.74	8.86	8.78	0.45
A-3	7.54	7.50	7.69	7.56	7.57	8.73	8.79	8.81	8.79	8.78	0.44
B-1	7.85	7.87	7.82	7.81	7.84	9.08	9.10	9.05	9.04	9.07	0.45
B-2	7.61	7.71	7.69	7.56	7.64	8.72	8.82	8.80	8.67	8.75	0.39
B-3	7.54	7.44	7.53	7.60	7.53	8.65	8.55	8.64	8.71	8.64	0.39
B-4	7.79	7.77	7.69	7.74	7.75	9.02	9.00	9.02	8.97	9.00	0.46

续上表

编号	$t_{钢板}$					$t_{总}$					$t_{胶层}$
	测点 1	测点 2	测点 3	测点 4	平均	测点 1	测点 2	测点 3	测点 4	平均	
B-5	7.53	7.62	7.47	7.48	7.53	8.74	8.83	8.68	8.69	8.74	0.44
B-6	7.88	7.54	7.51	7.51	7.61	8.81	8.66	8.71	8.74	8.73	0.39
C-1	7.81	7.90	7.82	7.79	7.83	8.94	9.11	9.04	8.87	8.99	0.41
C-2	7.62	7.74	7.81	7.66	7.71	8.73	8.79	8.86	8.81	8.80	0.38
C-3	7.55	7.46	7.64	7.50	7.54	8.82	8.73	8.91	8.77	8.81	0.47
C-4	7.78	7.79	7.72	7.74	7.76	8.87	8.98	8.91	8.93	8.92	0.42
C-5	7.55	7.54	7.55	7.45	7.52	8.55	8.64	8.76	8.65	8.65	0.40
C-6	7.89	7.56	7.53	7.50	7.62	8.75	8.72	8.69	8.52	8.67	0.36
D-1	7.61	7.77	7.80	7.73	7.73	8.91	8.88	8.93	9.01	8.93	0.44
D-2	7.36	7.51	7.64	7.52	7.51	8.76	8.61	8.64	8.62	8.66	0.41
D-3	7.40	7.34	7.16	7.35	7.31	8.58	8.51	8.33	8.53	8.49	0.42
D-4	7.34	7.55	7.59	7.51	7.50	8.40	8.61	8.65	8.67	8.58	0.38
D-5	7.65	7.35	7.55	7.45	7.50	8.97	8.67	8.87	8.77	8.82	0.49
D-6	7.64	7.43	7.46	7.59	7.53	8.62	8.77	8.73	8.57	8.67	0.40
E-1	7.81	7.88	7.68	7.65	7.76	8.99	9.05	8.85	8.82	8.93	0.42
E-2	7.65	7.54	7.47	7.56	7.56	8.72	8.82	8.84	8.71	8.77	0.44
E-3	7.67	7.54	7.44	7.52	7.54	9.03	8.89	8.79	8.88	8.90	0.51
E-4	7.79	7.70	7.75	7.73	7.74	9.06	8.97	9.02	9.00	9.01	0.47
E-5	7.63	7.72	7.67	7.75	7.69	8.84	8.93	8.89	8.96	8.91	0.44
E-6	7.68	7.45	7.55	7.48	7.54	8.81	8.58	8.68	8.61	8.67	0.40

通过计算可知,A 组试件胶层厚度平均值为 0.44 mm,标准差为 0.01 mm;B 组试件胶层厚度平均值为 0.42 mm,标准差为 0.03 mm;C 组试件胶层厚度平均值为 0.41 mm,标准差为 0.04 mm;D 组试件胶层厚度平均值为 0.42 mm,标准差为 0.04 mm;E 组试件胶层厚度平均值为 0.45 mm,标准差为 0.04 mm。标准差能反应一个数据集的离散程度。从以上数据分析可见,各组试件的胶层厚度的平均值虽有差异,但差距不大。

2.1.5　试验装置和试验方法

为了研究 CFRP 加固钢结构界面时变黏结性能,首先,对 CFRP-钢板双面搭接拉伸试件进行拉伸蠕变试验;其次,待蠕变试验完成后对拉伸试件进行静力拉伸试验。根据试验计划,本试验需要两种加载方法。

1. 杠杆加载法

为研究 CFRP-钢黏结界面的时变性能,需对 CFRP-钢拉伸试件进行长期加载,设计图 2-6 所示的加载装置。该装置是根据杠杆原理法按 10∶1 的比例关系设计的,整个装置由底梁、立柱、横梁组成,底梁采用 12 号槽钢,长 2.0 m,立柱采用 10 号工字钢,立柱高 1.2 m,底部通过焊接与底梁相连,横梁采用 10 号工字钢,总长 1.5 m,横梁与立柱的连接处通过分别焊接的小钢板在对应位置处打孔,利用螺栓插入作为转轴进行连接,横梁距离两端 90 mm 处分别通过焊接的小钢板,一端悬挂加载重物,另一端与拉伸试件连接,连接均采用双钢板连接,以保证拉伸试件轴心受力。一个底梁上左右对称分布两套加载装置作为一组,两组装置之间通过与立柱焊接的连接杆进行连接以保证结构的横向稳定性。

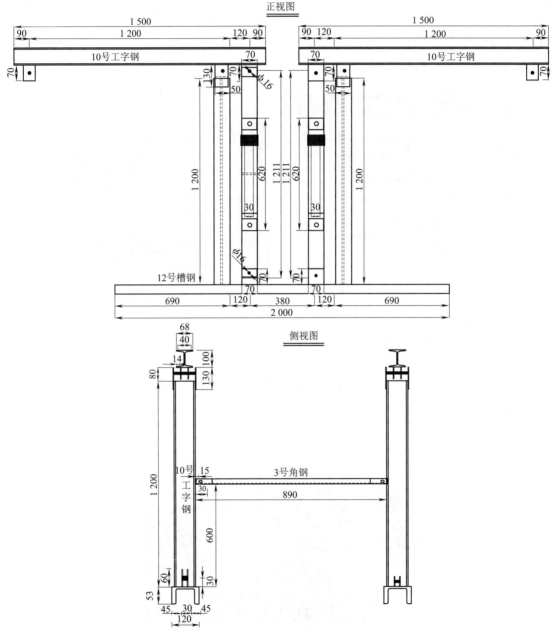

图 2-6　蠕变试验加载装置(单位:mm)

加载通过悬挂混凝土块实现。立方体混凝土块的边长分别为 20 cm、30 cm 和 35 cm,其质量分别为 19.6 kg、66.1 kg 和 105.0 kg。不同质量的混凝土块进行组合后,通过丝杆串联,丝杆顶部采用花篮螺栓与加载横梁相连。通过调节旋紧花篮螺栓的速度,可以控制加载重物的提升速度,保证加载速率为匀速。混凝土块根据试验计划,按照不同质量要求浇筑而成。不同质量搭配使用,实现蠕变试验中极限拉伸强度对应荷载的 20%、40%、60%、75% 的加载要求。试件加载应按照如下程序进行:(1)将拉伸试件安装就位,松开试件下部螺栓,使试件只受自身重力作用;(2)将静态电阻应变仪清零、平衡,设置采样模式为定时采样,采样间隔 5 s;(3)安装试件下部螺栓,同时组装加载用混凝土块,匀速旋紧花篮螺栓,实现加载;(4)静态电阻应变仪同步采集应变数据,持续时间为 24 h,后续按照应变采集计划安排进行。CFRP-钢试件加载现场如图 2-7 所示。

图 2-7　CFRP-钢试件加载现场

2. 万能试验机

为考察胶层蠕变对 CFRP-钢界面黏结性能的影响,需对蠕变后拉伸试件进行静力拉伸试验。静力拉伸试验采用的加载设备为 WDW-100 微控电子万能试验机。试验采用按位移加载的方式,加载速率为 0.3 mm/min。试验现场加载情况如图 2-8 所示。

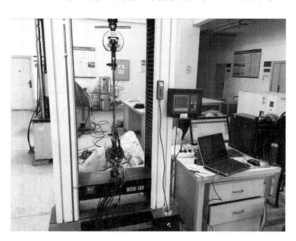

图 2-8　试验现场加载情况

试验加载程序及数据采集过程如下:

(1)试验开始前安装试件时要严格保证对中,首先施加 0.3 kN 的拉力,观察试件有无扭转等现象,若有则重新进行对中。

(2)每个试件正式开始试验前均需进行预加载,预加载采用 10% 破坏荷载,加载过程采用分级加载,每级荷载为破坏荷载的 10%,每个荷载级保持 3 min 再进行下一级别的加载,加载至 80% 破坏荷载时,按 5% 的荷载增量进行加载。

(3)试验过程中,利用静态电阻应变仪同步采集应变数据,每级荷载加载完毕,对试件进行观察,并记录界面破坏过程和破坏形态。

试验过程中应严格遵照加载程序进行,如图 2-9 所示。

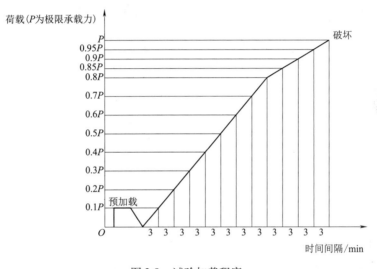

图 2-9　试验加载程序

2.2　CFRP-钢拉伸试件蠕变试验结果及分析

A 组 3 个试件拉伸破坏获得的极限承载力分别为 27.42 kN、28.85 kN、31.61 kN,平均值为 29.29 kN,标准差为 2.13 kN。根据试验计划分别对 B 组、C 组、D 组和 E 组试件进行加载,其加载荷载应为极限荷载的 20%、40%、60% 和 75%。加载配重通过不同质量混凝土块组合实现,其中 B 组采用 3 个 19.6 kg 的混凝土块串联、C 组采用 1 个 19.6 kg 和 1 个 105.0 kg 的混凝土块串联、D 组采用 1 个 66.1 kg 和 1 个 105.0 kg 的混凝土块串联,E 组采用 2 个 105.0 kg 的混凝土块串联。考虑到横梁的附加荷载,经过计算为 0.78 kN,荷载实际加载情况见表 2-6。

通过试验数据采集计划,按期采集应变数据,试验初期加载时间为 2016 年 9 月 12 日。试件逐批次进行加载,最终试验结束试件为 2017 年 1 月 12 日,试验总时间为 4 个月。试验期间实验室温度和湿度变化如图 2-10 和图 2-11 所示。实验室温度位于 13.5～27.5 ℃ 之间,9 月平均气温最高为 23.7 ℃,1 月平均气温最低为 17.5 ℃,总体日平均气温为 19.4 ℃;实验室相对湿度位于 36%～97% 之间,平均相对湿度为 79.3%。

表 2-6   蠕变试验加载情况一览表

组别	配重荷载/kN	附加荷载/kN	实际荷载/kN	极限荷载/kN	实际荷载/极限荷载
B 组	5.76	0.78	6.53	29.29	22.3%
C 组	12.21	0.78	12.98	29.29	44.3%
D 组	16.77	0.78	19.46	29.29	59.9%
E 组	20.58	0.78	21.36	29.29	72.9%

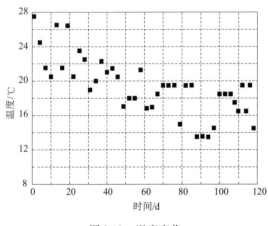

图 2-10   温度变化

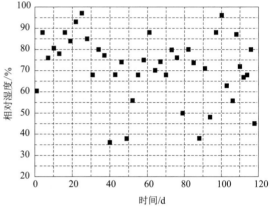

图 2-11   相对湿度变化

2.2.1   CFRP 应变分布随时间变化

将采集后的 CFRP 应变数据进行整理,绘制部分试件的 CFRP 应变分布规律图,如图 2-12 ~ 图 2-15 所示。从各图中可以看出,CFRP 应变呈现非线性分布规律,加载端应变数值大,随着离加载端越来越远,CFRP 应变数值急剧减小,最后减小为零,表明只有 CFRP 端部一部分范围内受到了荷载作用。对比每幅图中不同时间的应变测量数据,可以看出 CFRP-钢界面发生了应力重分布,随着加载时间的增加,在加载端附近一定粘贴长度范围内 CFRP 应变逐渐增大,应变增大的幅度见 2.3.2 小节分析。

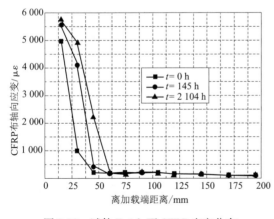

图 2-12   试件 E-4 b 面 CFRP 应变分布

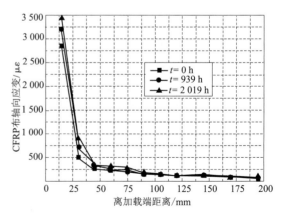

图 2-13   试件 C-4 a 面 CFRP 应变分布

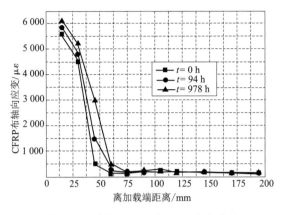

图 2-14　试件 E-3 a 面 CFRP 应变分布

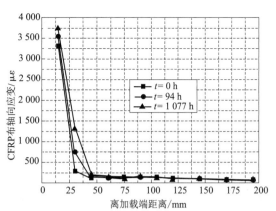

图 2-15　试件 D-3 b 面 CFRP 应变分布

2.2.2　CFRP 应变随时间变化

　　当试件加载后,整个测试周期内,部分试件 CFRP 应变值随时间变化如图 2-16 ～ 图 2-19 所示。从各图中可以清晰地看出,随着持载时间的增加,每个应变测点的应变值在增大,应变曲线斜率逐渐变小,说明应变增加速率在减小,也就是说前期应变增大较快,后期应变增大较慢,CFRP 应变值的增大反映了胶黏剂存在蠕变变形。E 组试件与 D 组试件的应变曲线的斜率不同,说明加载应力大小影响胶层的蠕变变形,应力大小对胶黏剂黏弹性的影响会在后面章节进行讨论。

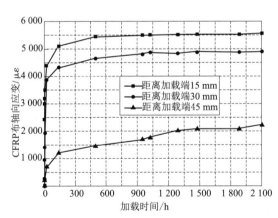

图 2-16　试件 E-4 b 面 CFRP 应变随时间变化

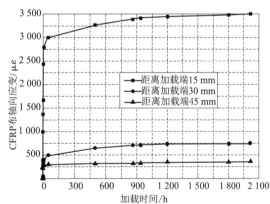

图 2-17　试件 D-4 b 面 CFRP 应变随时间变化

　　为进一步研究 CFRP 应变随时间的变化情况,以各组试件测点 a1# 应变随时间的变化为例进行分析,见表 2-7。因蠕变试验加载是通过旋紧花篮螺栓逐步实现的,所以图 2-16 ～ 图 2-19 中各曲线在弹性阶段具有一定的斜率。表 2-7 中 0 d 的应变值表示弹性阶段 A 点对应的应变值,该应变值取用的是试验加载完成后系统稳定 10 min 后的应变测量值,由于试件制作的差异性以及试验加载系统的误差,导致表中同一级加载水平下的弹性应变值并不相同。从表 2-7 中可以看出,蠕变加载 90 d 后,试件 B-6、C-6、D-6 和 E-6 测点 a1# 总应变与弹性应变的比值分别为 1.101、1.122、1.153 和 1.206，也就是说 90 d 内应变分别增加了 10.1%、12.2%、15.3% 和 20.6%，说明蠕变施加荷载越大，应变增加得越多。

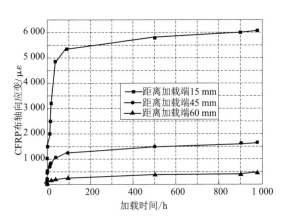

图 2-18　试件 E-3 a 面 CFRP 应变随时间变化

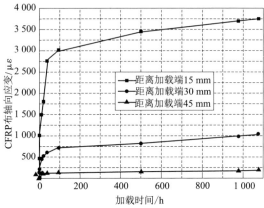

图 2-19　试件 D-3 b 面 CFRP 应变随时间变化

表 2-7　各组试件 a1#测点应变　　　　　　　　　　　单位：με

试件编号	0 d	5 d	10 d	20 d	35 d	60 d	90 d
B-1	1 294	1 353					
B-2	—		—				
B-3	1 517	1 584	1 620	1 684			
B-4	1 388	1 468	1 481	1 475	1 492		
B-5	1 445	1 538	1 550	1 568	1 563	1 586	
B-6	1 360	1 453	1 459	1 465	1 474	1 480	1 498
C-1	3 017	3 253					
C-2	3 124	3 356	3 408				
C-3	2 712	2 833	2 887	2 919			
C-4	2 655	2 801	2 846	2 895	2 930		
C-5	—	—	—	—	—	—	
C-6	2 689	2 795	2 847	2 883	2 917	2 964	3 016
D-1	3 927	4 204					
D-2	—	—	—				
D-3	4 029	4 299	4 362	4 410			
D-4	—						
D-5	3 486	3 694	3 700	3 738	3 816	3 744	
D-6	3 976	4 267	4 353	4 388	4 395	4 503	4 585
E-1	—						

续上表

试件编号	0 d	5 d	10 d	20 d	35 d	60 d	90 d
E-2	5 134	5 677	5 792				
E-3	5 331	5 589	5 615	5 698			
E-4	4 926	5 523	5 487	5 812	6 050		
E-5	5 222	5 685	5 812	5 833	6 063	6 147	
E-6	5 101	5 654	5 783	5 885	5 979	6 084	6 152

注：0 d 的应变值表示弹性阶段 A 点对应的应变值；"—"表示测点 a1# 应变片损坏。

2.3　CFRP-钢拉伸试件静力试验结果及分析

2.3.1　破坏过程和破坏特征

1. 破坏过程

当荷载较小时，拉伸试件未见明显变化，此时 CFRP-钢界面表现出很好的弹性；继续增加荷载，当荷载达到极限荷载的 50% ~ 60% 时，试件会发出"嘶嘶"的响声，中部缝隙附近的 CFRP 两侧界面最先开裂，具体表现为 CFRP 两侧未刮净的胶黏剂出现白色裂痕，随后裂纹逐渐向界面中部扩展，如图 2-20 所示；当荷载达到极限荷载的 90% 时，荷载缓慢增加并逐渐达到最大值，整个界面几乎处于开裂状态，此时界面剥离产生的"砰砰"声不断，如图 2-21 所示；当荷载达到界面的极限荷载后，剥离逐渐向自由端扩展，最后试件发出"嘣"的一声巨响，测试端表现为单面或双面 CFRP 发生完全剥离，如图 2-22 和图 2-23 所示，试验结束。

图 2-20　CFRP 两侧界面初始开裂

图 2-21　试件整个界面处于开裂状态

图 2-22　试件表现为 CFRP 单面剥离破坏

图 2-23　试件表现为 CFRP 双面剥离破坏

2. 破坏特征

CFRP-钢拉伸试件可能的破坏模式有:(1)钢与胶层之间界面失效;(2)胶层内聚破坏;(3)CFRP 与胶层之间界面失效;(4)碳纤维丝与树脂剥离;(5)CFRP 断裂;(6)钢板屈服。本书对试件进行了设计,采用了较厚的钢板、较大弹性模量的 CFRP,故而避免了破坏模式(5)和(6)的发生。由于碳纤维丝与树脂之间以及 CFRP 与胶层之间均能形成很好的黏结,因此破坏模式(3)和(4)不易发生。

从试验结果看,CFRP-钢界面的破坏模式主要为破坏模式(1)和(2),即钢材与胶层之间界面剥离(见图 2-24)及胶层内聚破坏(见图 2-25)。对多组试件破坏后的界面形态进行分析,发现一般情况下破坏模式(1)和(2)经常伴随发生,但界面破坏时两种破坏模式所占比例不同,多以破坏模式(1)为主。

图 2-24　胶-钢界面剥离破坏

图 2-25　胶层内聚破坏

2.3.2　CFRP 应变分布

1. 界面剥离前 CFRP 应变分布

通过整理静态电阻应变仪的数据,可以绘制不同加载阶段 CFRP 轴向应变的分布曲线。

部分试件界面未发生剥离时的 CFRP 表面轴向应变分布规律如图 2-26～图 2-30 所示。

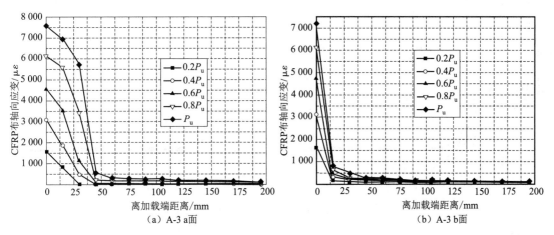

（a）A-3 a面　　　　　　　　　（b）A-3 b面

图 2-26　试件 A-3 界面剥离前 CFRP 应变分布

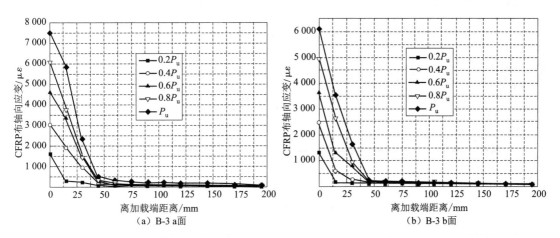

（a）B-3 a面　　　　　　　　　（b）B-3 b面

图 2-27　试件 B-3 界面剥离前 CFRP 应变分布

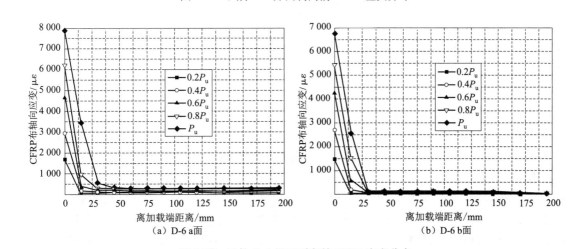

（a）D-6 a面　　　　　　　　　（b）D-6 b面

图 2-28　试件 D-6 界面剥离前 CFRP 应变分布

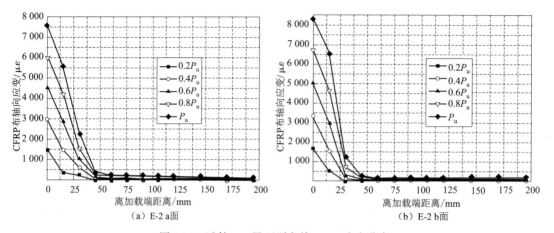

图 2-29　试件 E-2 界面剥离前 CFRP 应变分布

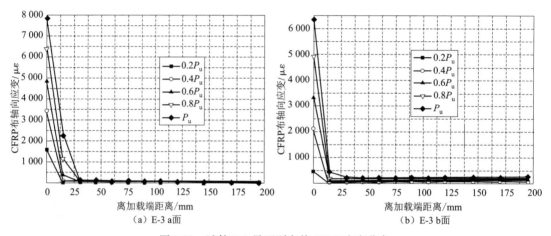

图 2-30　试件 E-3 界面剥离前 CFRP 应变分布

从各图中可以看出,不同试件的 CFRP 轴向应变分布曲线具有相同特征。图中加载端(0 位置处)的应变值由 0#应变值代替,P_u 代表极限荷载。分析界面剥离前 CFRP 应变分布曲线,可得到如下基本规律:在荷载达到极限荷载 P_u 前,只有加载端附近区域有 CFRP 应变分布,且越远离加载端 CFRP 应变越小直至为零,这一区域外 CFRP 应变几乎为零。说明界面剥离前只有很少的 CFRP 受到了荷载作用。

2. 剥离过程中 CFRP 应变分布

界面剥离过程中部分试件的 CFRP 轴向应变分布如图 2-31 ~ 图 2-38 所示。当荷载达到极限荷载 P_u 后,CFRP 应变达到最大值,此时界面发生剥离破坏,随后荷载不再增加,加载端位移不断增加,剥离不断向自由端扩展。已经剥离的区域 CFRP 应变保持不变,不同加载端位移时 CFRP 应变分布情况大致一样。从图 2-31 可以看出,试件 A-3 的 a 面和 b 面均呈现剥离破坏模式;从图 2-33 可以看出,试件 B-3 的 a 面呈现完全剥离,而 b 面部分剥离的破坏模式;从图 2-36 可以看出,试件 D-6 的 a 面和 b 面均呈现剥离现象,并且还可看出 b 面出现崩裂破坏;从图 2-37 可以看出,试件 E-2 的 CFRP 呈现 b 面试验端剥离,a 面试验端部分剥离的破坏模式。这些都与静力拉伸试验结果相符合,说明试件的剥离过程中 CFRP 应变的分布形态与破坏模式是——对应的。从各图还可以看出,试件在达到极限荷载前,CFRP 实际参与工作的长度是一定的,这实际上就是有效黏结长度的概念。各组试件的有效黏结长度见表 2-8。实际上通过 CFRP 应变分布情况就可以确定有效黏结长度。

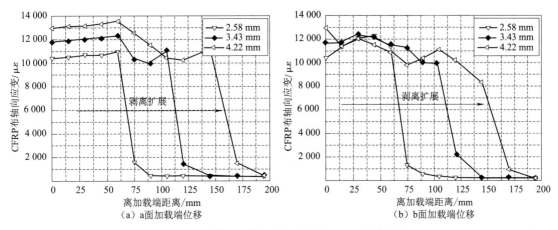

图 2-31　试件 A-3 界面剥离过程中 CFRP 应变分布

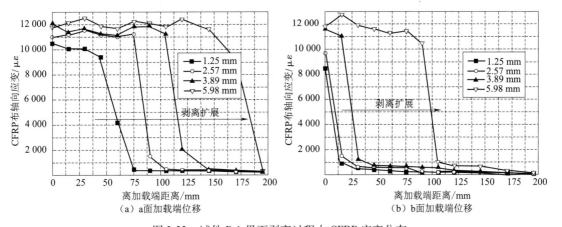

图 2-32　试件 B-1 界面剥离过程中 CFRP 应变分布

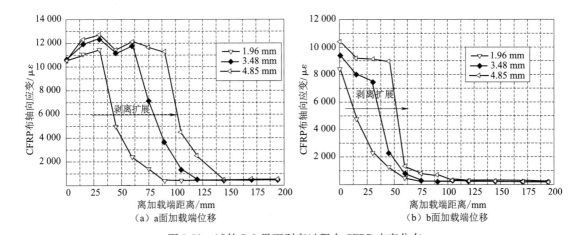

图 2-33　试件 B-3 界面剥离过程中 CFRP 应变分布

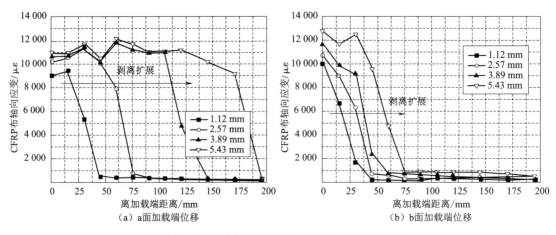

（a）a面加载端位移　　　　　　　（b）b面加载端位移

图 2-34　试件 C-1 界面剥离过程中 CFRP 应变分布

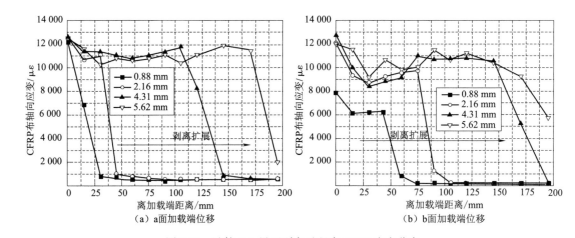

（a）a面加载端位移　　　　　　　（b）b面加载端位移

图 2-35　试件 D-1 界面剥离过程中 CFRP 应变分布

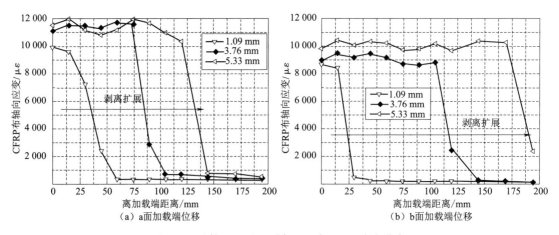

（a）a面加载端位移　　　　　　　（b）b面加载端位移

图 2-36　试件 D-6 界面剥离过程中 CFRP 应变分布

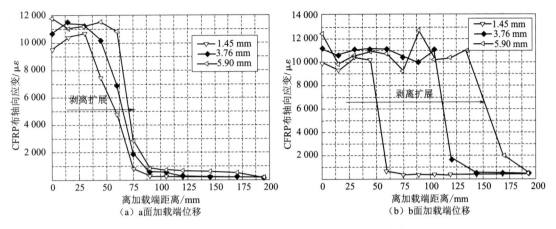

图 2-37　试件 E-2 界面剥离过程中 CFRP 应变分布

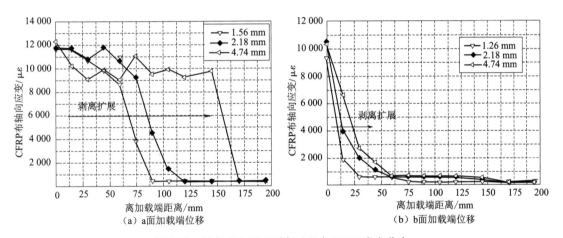

图 2-38　试件 E-3 界面剥离过程中 CFRP 应变分布

2.3.3　荷载-位移曲线

本次试验采用的加载速率为 0.3 mm/min。本书以试件 E-2 为例,介绍施加荷载与加载端位移的基本特征,绘制的荷载-位移曲线如图 2-39 所示。典型的荷载与位移关系分为三个阶段:

(1)图 2-39 中曲线 OA 段:施加的荷载与加载端位移具有正比例关系,说明 CFRP-钢界面属于弹性受力状态,此时加载端位移量为 0 ~ 3 mm。

(2)图 2-39 中曲线 AB 段:随着荷载不断增大,可以听到试件不时发出"嘶嘶"的声音,说明 CFRP-钢界面逐渐进入软化状态,具体表现为曲线斜率减小,当荷载达到曲线 B 点时,界面剥离破坏即将发生。

(3)图 2-39 中曲线 BC 段:当荷载达到极限荷载(即 B 点)后,界面发生剥离破坏,随后荷载基本会保持不变,而加载端位移将逐渐增加,剥离不断向自由端扩展,直到 CFRP-钢界面完全破坏。将 BC 段荷载平均值定义为极限荷载 P_u。定义 C 点对应的横坐标数值为极限位移。

部分试件的荷载-位移关系曲线如图 2-40 ~ 图 2-42 所示。所有试件极限荷载和极限位移试验结果见表 2-8。对表 2-8 中各组拉伸试件的极限荷载进行分析,A 组试件极限荷载的平均值 μ 为 29.29 kN,标准差 σ 为 2.13 kN;B 组试件极限荷载的平均值 μ 为 28.33 kN,标准差 σ 为 2.81 kN;C 组试件极限荷载的平均值 μ 为 28.85 kN,标准差 σ 为 2.27 kN;D 组试件极限荷载的平均值 μ 为 27.27 kN,标准差 σ 为 1.69 kN;E 组试件极限荷载的平均值 μ 为 28.20 kN,标准差 σ 为 2.74 kN。可见每组试件极限荷载平均值差别并不大,考虑到试件制作的差异性以及试验误差,可以判断对于本文拉伸试件而言,胶黏剂的蠕变并未对极限荷载产生影响。

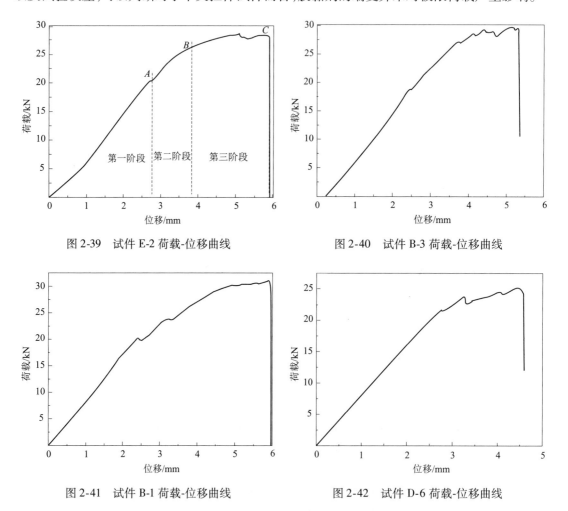

图 2-39　试件 E-2 荷载-位移曲线　　　　图 2-40　试件 B-3 荷载-位移曲线

图 2-41　试件 B-1 荷载-位移曲线　　　　图 2-42　试件 D-6 荷载-位移曲线

由 2.4.2 节可知,界面剥离破坏前,只有有效黏结长度范围内的 CFRP 参与工作,即界面只在这段 CFRP 粘贴长度范围内传递荷载。也就是说进行蠕变加载试验时,界面胶黏剂的蠕变只在这段内发生。从表 2-8 中可得到各组拉伸试件的有效黏结长度在 65 ~ 85 mm 之间,而本书中拉伸试件的 CFRP 粘贴长度为 200 mm 大于有效黏结长度,说明界面胶黏剂未发生蠕变的长度仍然大于有效黏结长度。已有研究表明,当 CFRP 粘贴长度大于有效黏结长度后,界面的极限荷载不会随着 CFRP 粘贴长度的增加而增大,只会增加界面破坏时的延性。综上所述,本书中拉伸试件极限荷载未受胶黏剂蠕变影响。

表 2-8　静力拉伸试验结果统计

试件编号	极限荷载 P_u/kN	有效黏结长度/mm	极限位移/mm
A-1	27.42	70	3.48
A-2	28.85	80	3.83
A-3	31.61	75	4.31
B-1	30.46	70	6.02
B-2	24.95	65	4.15
B-3	29.73	70	5.37
B-4	26.58	70	5.78
B-5	26.18	75	6.32
B-6	32.07	75	7.46
C-1	32.13	80	5.43
C-2	29.18	80	5.86
C-3	28.85	80	6.63
C-4	25.15	70	4.60
C-5	28.12	70	7.11
C-6	29.65	65	6.78
D-1	29.65	75	5.62
D-2	28.23	75	4.82
D-3	24.54	70	6.45
D-4	26.87	85	5.98
D-5	27.18	75	4.57
D-6	27.16	75	5.33
E-1	25.42	70	3.75
E-2	28.58	80	5.96
E-3	27.42	75	4.89
E-4	33.21	80	6.42
E-5	28.32	80	5.78
E-6	26.22	70	4.54

小　结

本章论述 CFRP-钢界面时变黏结性能的试验研究,主要包括以下两个方面的内容:

(1)论述了通过自制的蠕变试验加载装置对 CFRP-钢拉伸试件进行实验室条件下 3 个月蠕变试验的试验研究。对长期持载下 CFRP-钢拉伸试件的 CFRP 应变分布随时间的变化规律以及各测点应变随时间变化情况进行了分析。结果表明:①CFRP 应变呈现非线性分布规律,加载端应变数值大,随着离加载端越来越远,CFRP 应变逐渐减小;②CFRP-钢界面发生了应力重分布,随着加载时间的增加,在加载端附近一定粘贴长度范围内 CFRP 应变逐渐增大;③各测点应变随时间变化主要分为三个阶段:弹性阶段、过渡蠕变阶段和稳态蠕变阶段;④蠕变加载 90 d 后,试件 B-6、C-6、D-6 和 E-6 测点 a1# 应变分别增加了 10.1%、12.2%、15.3% 和 20.6%,说明蠕变施加荷载越大,应变增加得越多。

(2)论述了对 1 组对比试件和 4 组不同持载水平、每组 6 个不同持载时间的 CFRP-钢拉伸试件进行静力拉伸试验的试验研究。对 CFRP-钢界面剥离的破坏过程、破坏特征、CFRP 应变分布和荷载-位移曲线进行了分析,试验结果表明:①在荷载达到极限荷载 P_u 前,只有加载端附近区域有 CFRP 应变分布,且越远离加载端 CFRP 应变越小直至为零,这一区域外 CFRP 应变几乎为零;②CFRP-钢界面的破坏模式主要为钢材与胶层之间界面剥离及胶层内聚破坏,对多组试件破坏后的界面形态进行分析,发现一般情况下两种破坏模式经常伴随出现,但界面破坏时两种破坏模式所占比例不同,多以钢材与胶层之间界面剥离为主;③从不同荷载级作用下 CFRP 应变分布曲线可以看出,界面剥离前仅加载端附近的一部分 CFRP 发挥了作用,随着荷载的增加 CFRP 剥离从加载端逐渐向自由端扩展;④本书各组拉伸试件的有效黏结长度在 65~85 mm 之间,CFRP 粘贴长度为 200 mm,大于有效黏结长度,而胶黏剂蠕变产生的界面损伤只发生在有效黏结长度范围内,所以本书中拉伸试件极限荷载未受胶黏剂蠕变影响。

第3章 CFRP-钢界面时变本构模型研究

加固用胶黏剂作为高分子聚合物,具有与时间相关的黏弹性特性。在荷载作用下,胶黏剂会发生蠕变,从而导致加固后的结构界面发生应力重分布。准确的 CFRP-钢界面胶黏剂的黏弹性本构关系是深入研究加固结构黏结界面在正常使用阶段时变力学行为的前提,有利于对结构加固的效果做出正确的评价。适合的 CFRP-钢界面黏结-滑移本构关系是进行界面剥离全破坏过程分析的前提条件。对于 CFRP 加固混凝土结构,研究者通过理论和试验研究建立了大量的黏结-滑移本构模型。钢材强度要高于混凝土强度,CFRP 加固钢结构主要是黏结界面破坏,而非像 CFRP 加固混凝土是基材混凝土被拉裂。因此,不能简单地将 CFRP-混凝土界面的黏结-滑移本构模型应用到 CFRP 加固钢结构上。到目前为止,CFRP-钢界面黏结-滑移本构模型的研究还比较少,而考虑胶黏剂蠕变影响的黏结-滑移本构模型研究更是不多。

本章在归纳和总结既有的 CFRP-钢界面胶黏剂黏弹性本构模型和黏结-滑移本构模型的基础上,提出考虑剪应力影响的 CFRP-钢界面胶黏剂黏弹性本构模型和考虑蠕变损伤影响的CFRP-钢界面黏结-滑移本构模型。结合第 2 章的试验结果,拟合得到了本构模型中各参数表达式,并将本构模型的预测结果和试件结果进行了对比分析。

3.1 既有的结构加固用胶黏剂的黏弹性本构模型

胶黏剂不但表现出固体的弹性,而且具有流体的黏性,其随时间而变化的变形过程,主要表现为蠕变(应力不变时应变随时间增长)和应力松弛(应变不变时应力随时间衰减)。结构加固用胶黏剂多为环氧树脂胶黏剂,而环氧树脂胶黏剂作为高分子材料,即使玻璃转变温度高于常温,仍表现出一定的黏弹性行为。胶黏剂的黏弹性行为与环境温湿度、负荷时间、加载速率和应变幅值等有密切关系。

目前针对加固用胶黏剂黏弹性本构关系的试验研究主要有两类:一是研究胶黏剂拉伸黏弹性本构关系的胶体单轴拉伸蠕变试验;二是研究胶黏剂拉伸黏弹性本构关系的 FRP-混凝土双搭接拉伸蠕变试验。研究者采用不同的本构模型表征胶黏剂的黏弹性行为,通过对试验结果的回归分析得到模型中各参数与其影响因素的关系式。这些本构模型归纳起来主要有流变力学模型和 Findley 幂律方程。下面将介绍几个比较有代表性的研究成果。

3.1.1 流变力学模型

线黏弹性材料的应力-应变-时间关系可以采用微分算子形式表示,亦可以采用积分形式。流变力学模型理论把物体的某些基本性质用若干基本元件表征。例如,用"弹簧"模拟弹性,用"黏壶"模拟黏性。通过基本元件的串联或并联组合来反映物体的黏弹性特性,它所得到的本构方程是微分算子形式的。流变模型理论的概念直观、简单,物理意义明确。在解决某些问题时,采用流变模型理论表征胶黏剂的黏弹性本构关系求解较方便。

最简单的流变力学模型由一个"弹簧"和一个"黏壶"串联或并联而成,这就是 Maxwell 模型和 Kelvin 模型,如图 3-1 所示。Maxwell 模型能体现松弛,但不表示徐变,只有稳态流动,而 Kelvin 模型能体现徐变过程,却不能表示应力松弛。如果将 Maxwell 模型和 Kelvin 模型串联在一起,则组成一个四参量模型,称为 Burgers 模型,如图 3-2 所示。Burgers 模型的变形包括三部分:弹性变形、黏流和黏弹性变形。Burgers 模型既能体现徐变过程,又能表示松弛过程。有时为了更加准确地模拟材料复杂黏弹性特性,可以对 Maxwell 模型链和 Kelvin 模型链进行多种方式结合。多个 Maxwell 并联组成广义 Maxwell 模型,如图 3-3 所示。多个 Kelvin 串联组成广义 Kelvin 模型,如图 3-4 所示。

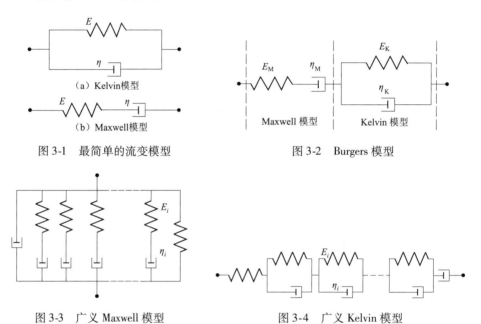

图 3-1　最简单的流变模型　　　　　　　图 3-2　Burgers 模型

(a) Kelvin模型

(b) Maxwell模型

图 3-3　广义 Maxwell 模型　　　　　　图 3-4　广义 Kelvin 模型

1. Burgers 模型

如图 3-2 所示,参数 E_M 和 E_K 代表"弹簧"元件的弹性模量,η_M 和 η_K 代表"黏壶"元件的黏度系数。总应变可表示为

$$\varepsilon(t) = \sigma\left\{\frac{1}{E_M} + \frac{t}{\eta_M} + \frac{1}{E_K}\left[1 - \exp\left(-\frac{E_K}{\eta_K}t\right)\right]\right\} \tag{3-1}$$

(1) Houhou 等采用短期蠕变试验技术研究了环氧树脂胶黏剂胶体的单轴拉伸蠕变性能。试验发现 Burgers 本构模型中参数 $\eta_M(\sigma)$、$\eta_K(\sigma)$ 和 $E_K(\sigma)$ 均为拉伸应力 σ 的函数,即

$$\begin{cases} \eta_M(\sigma) = \exp(-0.314\,1\sigma + 19.48) \\ \eta_K(\sigma) = \exp(-0.12\sigma + 12.767) \\ E_K(\sigma) = 0.14\sigma^2 - 2.62\sigma + 15.9 \end{cases} \tag{3-2}$$

(2) Majda 等进行了室温条件下四种持载水平环氧树脂胶黏剂的单轴拉伸蠕变试验。其研究得到的结论与 Houhou 等的研究结论相同,即 Burgers 本构模型中参数 $\eta_M(\sigma)$、$\eta_K(\sigma)$ 和 $E_K(\sigma)$ 均为拉伸应力 σ 的函数,不过表达式不同,为

$$\begin{cases} \eta_{M}(\sigma) = \exp(37.4 - 31.9 \times 10^{-8}\sigma) \\ \eta_{K}(\sigma) = \exp(30.7 - 16.6 \times 10^{-8}\sigma) \\ E_{K}(\sigma) = 12.3 \times 10^{-6}\sigma^2 - 517\sigma + 607 \times 10^7 \end{cases} \tag{3-3}$$

（3）Costa 和 Barros 在研究胶黏剂的单轴拉伸蠕变行为时，为了使预测结果与试验结果更加吻合，对 Burgers 模型进行了改进，引入了参数 n，表达式为

$$\varepsilon(t) = \frac{\sigma}{E_{M}} + \frac{\sigma}{\eta_{M}}t + \frac{\sigma}{E_{K}}\left\{1 - \exp\left[\left(-\frac{E_{K}}{\eta_{K}}t\right)^{1-n}\right]\right\} \tag{3-4}$$

Costa 和 Barros 发现模型中参数与拉伸应力有关，但未给出具体表达式。

2. 改进的 Maxwell 模型

Meshgin 等在室温条件下研究 FRP-混凝土拉伸试件蠕变性能时，采用改进的 Maxwell 模型表征胶黏剂的拉伸黏弹性本构关系。模型如图 3-5 所示，图中 α_1、α_2 分别表示"弹簧 1"和"弹簧 2"的柔度；ν 表示"黏壶"的黏度，单位为 d/mm；x_e 表示加载瞬时的位移量。Meshgin 等用试件在 t 时刻的位移 x 和持续荷载 P 表示的荷载-位移方程为

$$x = P\alpha_2 - (P\alpha_2 - x_e)e^{-t/[\nu(\alpha_1 + \alpha_2)]} \tag{3-5}$$

经研究发现本构方程中参数 α_1、α_2、ν 和剪应力与极限拉伸强度（τ/τ_{ult}）的比值有关。当养护龄期 t_c 为 1 d 时，有

$$\begin{cases} \alpha_1 = 500 - 2\,000(\tau/\tau_{ult}) \geqslant 10 \text{ mm/N} \\ \alpha_2 = 0.006 - 0.014(\tau/\tau_{ult}) \geqslant 0.000\,8 \text{ mm/N} \\ \nu = 0.18 - 0.49(\tau/\tau_{ult}) \geqslant 0.009\,4 \text{ d/mm} \end{cases} \tag{3-6}$$

当养护龄期 t_c 为 7 d 时，有

$$\begin{cases} \alpha_1 = 10 \text{ mm/N} \\ \alpha_2 = 0.000\,8 \text{ mm/N} \\ \nu = 0.009\,4 \text{ d/mm} \end{cases} \tag{3-7}$$

3. 串联的标准线性固体模型

Ferrier 等利用时间-温度等效原理（TTSP），通过短期试验技术研究了 FRP-混凝土界面的拉伸蠕变行为。采用串联的标准线性固体模型模拟 FRP-混凝土界面的拉伸蠕变行为，如图 3-6 所示。图中 G_0、G_{inf} 分别表示"弹簧"的拉伸柔度，η_1、η_2 表示"黏壶"的黏度。则 t 时刻拉伸应变 $\gamma(t)$ 的表达式为

$$\gamma(t) = \tau_0\left[\frac{2}{G_0} + \frac{G_0 - G_{inf}}{G_0 \cdot G_{inf}} \cdot e^{\frac{-t[G_0 \cdot (G_{inf} - G_0)]}{\eta_1 \cdot G_{inf}}} + \frac{G_0 - G_{inf}}{G_0 \cdot G_{inf}} \cdot e^{\frac{-t[G_0 \cdot (G_{inf} - G_0)]}{\eta_2 \cdot G_{inf}}}\right] \tag{3-8}$$

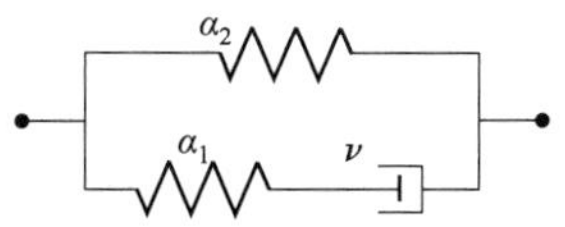

图 3-5　改进的 Maxwell 模型 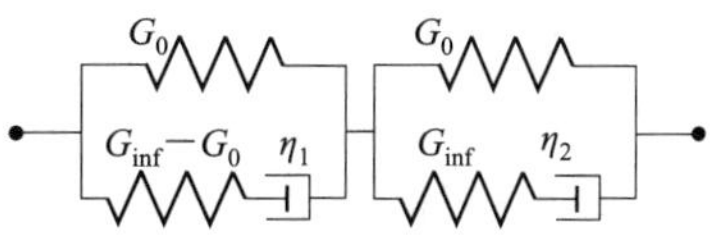　　　图 3-6　串联的标准线性固体模型

Ferrier 等研究发现参数 G_0、G_{inf} 与试验温度成线性关系。

此外,Diab 和 Wu 用广义 Maxwell 模型模拟 FRP-混凝土界面的线黏弹特性。

黏弹性材料的随时间变化的变形应包括弹性变形和蠕变变形。Maxwell 模型可以表示瞬时弹性变形,应变随时间呈线性增长,将会过高估计材料的蠕变变形;Kelvin 模型不能模拟瞬时弹性变形;Burgers 模型既能体现徐变过程,又能表示松弛过程;广义 Maxwell 模型和广义 Kelvin 模型虽然可以更加准确地表征材料的黏弹性特性,但其模型复杂参数较多,不利于复杂问题的求解。

3.1.2 Findley 幂律方程

Findley 幂律方程是由 Findley 最早提出的。此经验模型应用广泛,多用来描述材料的线黏弹特性。Findley 幂律方程的一般形式为

$$\varepsilon(t) = \varepsilon_0 + m \cdot t^n \tag{3-9}$$

式中,$\varepsilon(t)$ 为时间 t 时的总应变;ε_0 为初始弹性应变;m 和 n 为相关系数,由试验结果确定。

Meshgin 等在室温条件下研究 FRP-混凝土拉伸试件蠕变性能时,除了采用改进的 Maxwell 模型外,还应用 Findley 幂律方程来表征胶黏剂的拉伸黏弹性本构关系。研究发现方程中参数 m、n 和剪应力与极限拉伸强度(τ/τ_{ult})的比值有关。当养护龄期 t_c 为 1 d 时,有

$$\begin{cases} m = 0.075(\tau/\tau_{ult}) + 0.10 \\ n = -0.51(\tau/\tau_{ult}) + 0.37 \geqslant 0 \end{cases} \tag{3-10}$$

当养护龄期 t_c 为 7 d 时,有

$$\begin{cases} m = 0.13(\tau/\tau_{ult}) + 0.12 \\ n = -0.15(\tau/\tau_{ult}) + 0.23 \geqslant 0 \end{cases} \tag{3-11}$$

Findley 幂律方程参数较少、拟合方便,在模拟高聚物及其复合材料、沥青混合料和纤维增强复合材料的蠕变行为时都有很好的效果。可对 Findley 的幂律模型的时间参数进行相应的拓展研究,使其在较宽广的时间域内描述材料的蠕变行为。Findley 幂律方程能表征材料的蠕变发展过程,但不能表示卸载后材料的蠕变回复,因此其应用范围具有一定的局限性。

3.2 考虑剪应力影响的 CFRP-钢界面胶黏剂黏弹性本构模型

3.2.1 胶黏剂的拉伸蠕变柔量

1. 胶层的拉伸变形

胶层受拉伸荷载作用时,将发生拉伸变形,如图 3-7 所示。图 3-7 中 t_a 为胶层的厚度,$\gamma(t)$ 为剪应变,γ_0 为瞬间剪应变,$Y(t)$ 为胶层顶面与底面的相对轴向变形,Y_0 为胶层顶面与底面的瞬间相对轴向变形。

图 3-7 中剪应变 $\gamma(t)$ 为

$$\gamma(t) = Y(t)/t_a \tag{3-12}$$

假设 CFRP 与胶层之间不产生滑移,$Y(t)$ 通过对 CFRP 应变积分得到,即

$$Y(t) = \int_0^x \varepsilon(x)\,dx \tag{3-13}$$

式中 $\varepsilon(x)$ ——t 时刻各测点处的应变值。

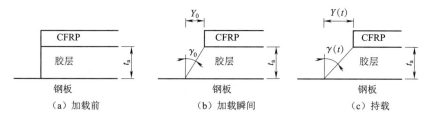

图 3-7   胶层受拉伸荷载变形情况

进行数据处理时,采用数值积分的方式实现。可按下式近似计算:

$$Y(t) = \frac{(\varepsilon_{c,i+1} + \varepsilon_{c,i})}{4}(L_{i+1} - L_i) + \sum_{j=i}^{n} \frac{(\varepsilon_{c,j+1} + \varepsilon_{c,j+2})}{2}(L_{i+2} - L_{i+1}) \tag{3-14}$$

式中 $\varepsilon_{c,i}$——第 i 个测点的应变值;

L_i——第 i 个测点到加载端的长度。

将式(3-14)代入式(3-12)中,可得到任意 t 时刻胶层的剪应变为

$$\gamma(t) = \frac{(\varepsilon_{c,i+1} + \varepsilon_{c,i})}{4t_a}(L_{i+1} - L_i) + \frac{1}{t_a}\sum_{j=i}^{n} \frac{(\varepsilon_{c,j+1} + \varepsilon_{c,j+2})}{2}(L_{i+2} - L_{i+1}) \tag{3-15}$$

根据 2.4 小节的试验实测 CFRP 应变数据,由式(3-15)可以计算胶层的剪应变,从而绘制胶层剪应变随时间变化曲线。部分试件的胶层剪应变随时间变化曲线如图 3-8 ~ 图 3-11 所示。从图中可以看出,胶层剪应变随时间变化曲线具有与 CFRP 应变随时间变化曲线相同的特征,即存在弹性阶段、过渡蠕变阶段和稳态蠕变阶段。

2. 胶黏剂的拉伸蠕变柔量

就线黏弹性材料而言,蠕变试验的应变响应是时间的函数,反映材料受载荷时的黏弹性行为。当线黏弹性材料在 $\tau(t) = \tau_0 H(t)$ 作用下,随时间而变化的剪应变响应可表示为

$$\gamma(t) = J(t)\tau_0 \tag{3-16}$$

式中 $J(t)$——拉伸蠕变柔量。

$J(t)$ 表示单位剪应力作用下 t 时刻的剪应变值,一般是随时间而单调增加的函数。

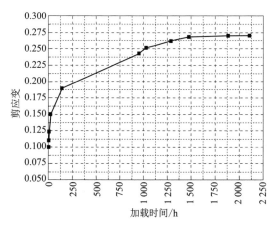

图 3-8   E-4 B 胶层剪应变随时间变化

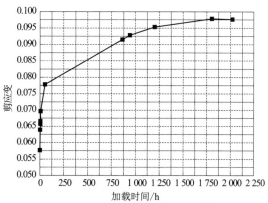

图 3-9   D-4 A 胶层剪应变随时间变化

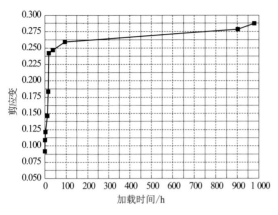

图 3-10 E-3 A 胶层剪应变随时间变化　　图 3-11　D-3 B 胶层剪应变随时间变化

将式(3-16)作相应变化,可求拉伸蠕变柔量 $J(t)$,为

$$J(t) = \gamma(t)/\tau_0 \qquad (3-17)$$

剪应变 $\gamma(t)$ 由式(3-15)计算,而界面剪应力采用如下方法计算。

对 CFRP 取一微段,受力情况如图 3-12 所示。

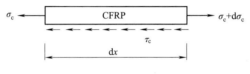

图 3-12　CFRP 受力图式

根据平衡条件有

$$\sigma_c b_c t_c + \tau_c b_c d_x = (\sigma_c + \mathrm{d}\sigma_c) b_c t_c \qquad (3-18)$$

式中　t_c——CFRP 的厚度;

　　　b_c——CFRP 的宽度。

由 CFRP 的弹性应力-应变关系得

$$\sigma_c = E_c \varepsilon_c \qquad (3-19)$$

由式(3-18)和式(3-19)可得

$$\tau_c = E_c t_c \frac{\mathrm{d}\varepsilon_c}{\mathrm{d}x} \qquad (3-20)$$

当应变片布置足够密集时,可近似认为该点的剪应力与相邻两个应变片之间的平均剪应力相等,可以通过差分法原理计算胶层各点处的剪应力,式(3-20)变为

$$\tau_{i \sim i+1} = \left| \frac{E_c t_c (\varepsilon_{c,i+1} - \varepsilon_{c,i})}{(L_{i+1} - L_i)} \right| \qquad (3-21)$$

式中　$\tau_{i \sim i+1}$——第 i 个测点与第 $i+1$ 个测点之间的剪应力;

　　　$\varepsilon_{p,i}$——第 i 个测点的应变值;

　　　L_i——第 i 个测点到加载端部的长度;

　　　E_c——CFRP 弹性模量。

　　根据 2.4 小节的试验实测 CFRP 应变数据,由式(3-17)可以求得蠕变柔量,即可绘制胶层受剪应力作用时胶黏剂的拉伸蠕变柔量曲线。部分试件蠕变柔量曲线如图 3-13 ~ 图 3-16 所示。

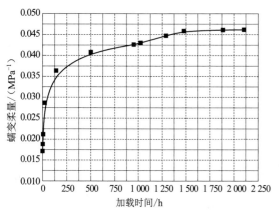

图 3-13　E-4 B 面蠕变柔量

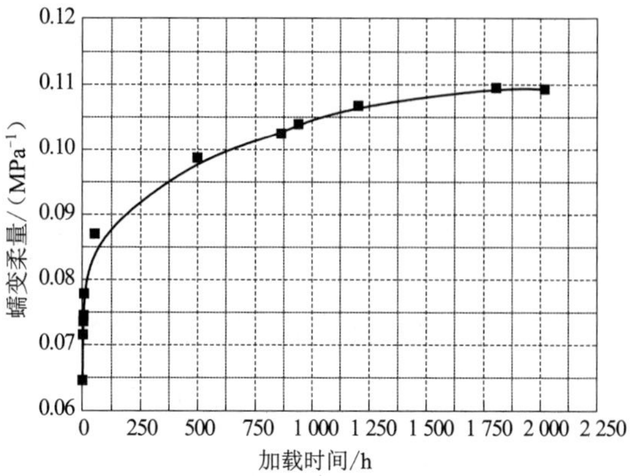

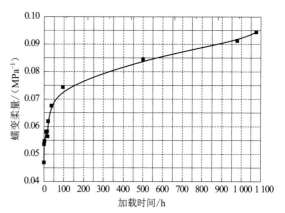

图 3-14　D-4 A 面蠕变柔量

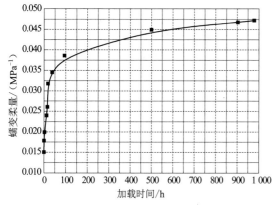

图 3-15　E-3 A 面蠕变柔量

图 3-16　D-3 B 面蠕变柔量

3.2.2　黏弹性本构模型

　　根据 3.2 小节对已有胶黏剂黏弹性本构模型的分析,本书拟采用两种黏弹性本构模型(修正的 Burgers 模型和 Findley 幂律方程)表征胶黏剂的拉伸黏弹性行为,根据试验结果拟合模型中相关参数,并将模型的预测结果与试验结果对比,最终确定更加适合的黏弹性本构模型。

1. 修正的 Burgers 模型

　　如图 3-17 所示,参数 G_M 和 η_M 分别代表 Maxwell 模型中弹性模量和黏度系数,参数 G_K 和 η_K 分别代表 Kelvin 模型中弹性模量和黏度系数。一般情况下,这些参数与环境温度、湿度和加载条件有关,为便于研

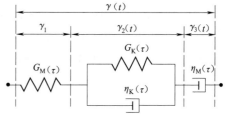

图 3-17　修正的 Burgers 模型

究本书假定这些参数不受温度和湿度影响。

如图 3-17 所示,在剪应力作用下,t 时刻剪应变 $\gamma(t)$ 由三部分组成,即

$$\gamma(t) = \gamma_1 + \gamma_2(t) + \gamma_3(t) \tag{3-22}$$

式中,γ_1 为 Maxwell "弹簧"的弹性应变;$\gamma_2(t)$ 为 Kelvin 单元的延迟弹性应变;$\gamma_3(t)$ 为 Maxwell "黏壶"的黏性应变,它们的表达式分别为

$$\gamma_1 = \tau_0 / G_M \tag{3-23}$$

$$\gamma_2(t) = \frac{\tau_0}{G_K}\left(1 - e^{-\frac{G_K}{\eta_K}t}\right) \tag{3-24}$$

$$\gamma_3(t) = \frac{\tau_0}{\eta_M}t \tag{3-25}$$

总的剪应变由弹性部分和蠕变部分组成,即

$$\gamma(t) = \gamma_e + \gamma_c(t) = \tau_0\left[\frac{1}{G_M} + \frac{t}{\eta_M} + \frac{1}{G_K}\left(1 - e^{-\frac{G_K}{\eta_K}t}\right)\right] \tag{3-26}$$

式中,$\gamma_e = \gamma_1$ 为弹性剪应变;$\gamma_c(t) = \gamma_2(t) + \gamma_3(t)$ 为蠕变剪应变。

式(3-26)两边对时间 t 微分一次,有

$$\frac{d\gamma(t)}{dt} = \frac{\tau_0}{\eta_M} + \frac{\tau_0}{\eta_K}e^{-\frac{G_K}{\eta_K}t} \tag{3-27}$$

典型的胶层剪应变随时间变化曲线,如图 3-18 所示。结合式(3-26)和式(3-27)可知,在过渡蠕变阶段剪应变的蠕变速率由 $(\tau_0/\eta_M + \tau_0/\eta_K)$ 逐渐减小到 τ_0/η_M,而在稳态蠕变阶段剪应变的蠕变速率不变为 τ_0/η_M。

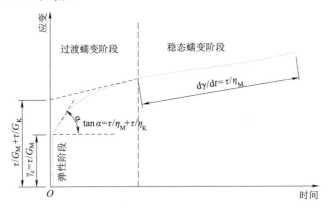

图 3-18　典型的胶层剪应变随时间变化

在式(3-26)取时间 $t = 0$,$G_M = \tau_0/\gamma_e$;η_M 可根据稳态蠕变阶段曲线的斜率求得;式(3-27)在 $t = 0$ 时,蠕变曲线初始斜率为 $\tan \alpha = \tau_0(1/\eta_M + 1/\eta_K)$,在已经求得 η_M 的前提下,可求 η_K。在稳态蠕变阶段,假设加载时间足够长,式(3-26)可写成

$$\gamma(t) = \tau_0\left(\frac{1}{G_M} + \frac{t}{\eta_M} + \frac{1}{G_K}\right) = \frac{\tau_0 t}{\eta_M} + \left(\frac{\tau_0}{G_M} + \frac{\tau_0}{G_K}\right) \tag{3-28}$$

在已经求得 G_M 的前提下,式(3-28)在 $t = 0$ 时,$\gamma(0) = \tau_0(1/G_M + 1/G_K)$,也就是图 3-18 中稳态蠕变阶段曲线切线与竖轴的截距,由此可求 G_K。

结合式(3-17)和式(3-26),拉伸蠕变柔量 $J(t)$ 为

$$J(t) = \frac{\gamma(t)}{\tau_0} = \frac{1}{G_M} + \frac{t}{\eta_M} + \frac{1}{G_K}\left(1 - e^{-\frac{G_K}{\eta_K}t}\right) \tag{3-29}$$

根据上述修正的 Burgers 模型中各参数的计算方法,对蠕变试验得到的剪应变随时间变化曲线进行分析,即可得到修正的 Burgers 模型中各参数的数值。胶层的拉伸模量 G_M 为常数 $G_M = E/2(1+\nu)$,胶黏剂弹性模量 E 为 2 859 MPa,泊松比 ν 为 0.35,经计算拉伸模量 G_M 为 1 058.9 MPa。模型其他参数的计算结果见表 3-1。

表 3-1　修正的 Burgers 模型参数计算结果

试件	η_M ($\times 10^6$)	G_M	η_K ($\times 10^4$)
B-1	2.42	9.5	1.66
B-2	2.57	10.2	1.62
B-3	2.59	11.7	1.58
B-4	2.36	9.3	1.55
B-5	2.64	9.6	1.49
B-6	2.65	9.9	1.53
B 组试件的平均值	2.54	10.0	1.57
C-1	2.31	24.6	4.96
C-2	2.44	23.2	4.80
C-3	2.15	21.9	4.92
C-4	2.23	25.4	4.73
C-5	2.37	24.4	4.85
C-6	2.21	25.7	4.94
C 组试件的平均值	2.29	24.2	4.87
D-1	2.19	73.5	7.95
D-2	2.25	73.0	7.83
D-3	1.93	69.4	7.82
D-4	1.96	75.8	7.88
D-5	2.11	71.7	7.71
D-6	2.10	74.6	7.79
D 组试件的平均值	2.09	73.0	7.83
E-1	1.35	50.3	4.33
E-2	1.37	49.7	4.42
E-3	1.24	50.9	3.98
E-4	1.41	50.2	4.10
E-5	1.23	49.2	3.95
E-6	1.38	51.5	4.03
E 组试件的平均值	1.33	50.3	4.14

从表3-1中可以看出,各组试件的参数值不同,说明剪应力大小对胶黏剂的拉伸黏弹性模型参数有影响。剪应力大小对本构模型各参数的影响如图3-19～图3-21所示。利用 Origin 软件对数据进行拟合分析,可得到参数 η_M、G_M 和 η_K 为因变量,剪应力 τ 为自变量的函数方程,即

$$\eta_M(\tau) = -0.103\tau + 2.603 \tag{3-30}$$

$$G_M(\tau) = -1.49\tau^2 + 23.26\tau - 13.69 \tag{3-31}$$

$$\eta_K(\tau) = -0.17\tau^2 + 2.37\tau - 0.02 \tag{3-32}$$

则修正的 Burgers 模型的蠕变柔量可写成

$$J(t) = \frac{1}{G_M} + \frac{t}{\eta_M(\tau)} + \frac{1}{G_K(\tau)}\left(1 - e^{-\frac{G_K(\tau)}{\eta_K(\tau)}t}\right) \tag{3-33}$$

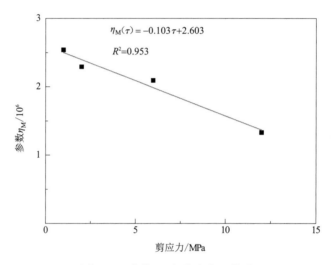

图 3-19 参数 η_M 与剪应力 τ 关系

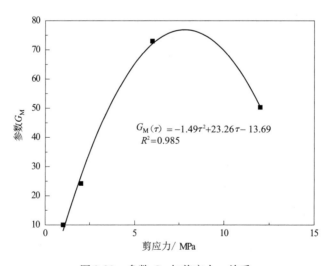

图 3-20 参数 G_M 与剪应力 τ 关系

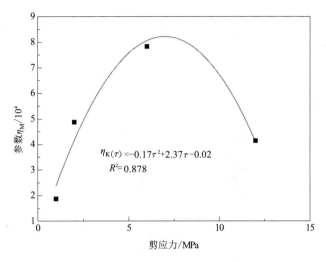

图 3-21　参数 η_K 与剪应力 τ 关系

2. Findley 幂律方程

Findley 幂律方程的拉伸应变 $\gamma(t)$ 形式为

$$\gamma(t) = \gamma_0 + mt^n \tag{3-34}$$

式中,$\gamma(t)$ 为时间为 t 时的总剪应变;γ_0 为初始弹性剪应变;m 和 n 为相关系数由试验结果确定。

将式(3-34)写成拉伸蠕变柔量形式为

$$D(t) = \frac{\gamma(t)}{\tau_0} = D_0 + D_t t^n \tag{3-35}$$

式中,$D_0 = \gamma_0 / \tau_0$ 为初始拉伸蠕变柔量;$D_t = m / \tau_0$ 为瞬时拉伸蠕变柔量。

Findley 幂律方程参数的拟合:先利用 $D_0 = \gamma_0 / \tau_0 = 1/G_0$ 求得初始拉伸蠕变柔量,再将 D_0 带入式(3-35)中,然后可利用 Origin 软件对曲线进行非线性回归分析,得到 Findley 幂律方程中 D_t 和 n 的值。Findley 幂律方程参数的拟合结果见表3-2。

表 3-2　Findley 幂律方程参数拟合结果

试件	D_t	n	R^2
B-1	0.121	0.133	0.912
B-2	0.116	0.149	0.965
B-3	0.094	0.128	0.827
B-4	0.103	0.153	0.881
B-5	0.104	0.156	0.938
B-6	0.113	0.148	0.926
B 组试件的平均值	0.109	0.145	
C-1	0.113	0.117	0.810
C-2	0.116	0.121	0.832
C-3	0.091	0.136	0.911
C-4	0.101	0.128	0.936

续上表

试件	D_t	n	R^2
C-5	0.102	0.114	0.845
C-6	0.110	0.123	0.822
C 组试件的平均值	0.106	0.122	
D-1	0.055	0.061	0.976
D-2	0.056	0.075	0.933
D-3	0.058	0.079	0.968
D-4	0.049	0.084	0.981
D-5	0.062	0.064	0.916
D-6	0.065	0.086	0.883
D 组试件的平均值	0.058	0.076	
E-1	0.011	0.122	0.871
E-2	0.019	0.129	0.983
E-3	0.028	0.115	0.824
E-4	0.022	0.136	0.914
E-5	0.026	0.133	0.856
E-6	0.014	0.139	0.925
E 组试件的平均值	0.019	0.128	

从表 3-2 中可以看出,各组试件拟合得到的参数值不同,说明剪应力大小对胶黏剂的拉伸黏弹性模型参数有影响。剪应力大小对蠕变柔量参数 D_t 和 n 的影响如图 3-22 和图 3-23 所示。利用 Origin 软件对数据进行拟合分析,可得到参数 D_t 和 n 为因变量,剪应力 τ 为自变量的函数方程,即

$$D_t(\tau) = -0.008\ 5\tau + 0.118 \tag{3-36}$$

$$n(\tau) = 0.002\tau^2 - 0.027\tau + 0.168 \tag{3-37}$$

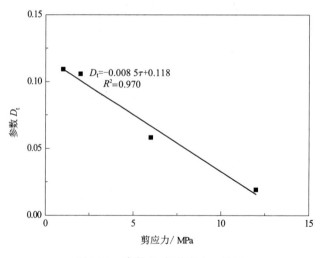

图 3-22　参数 D_t 与剪应力 τ 关系

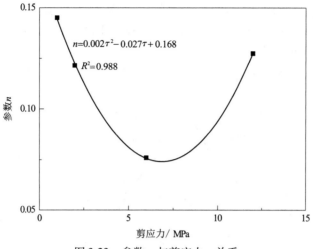

图 3-23　参数 n 与剪应力 τ 关系

3.2.3　本构模型的校核

获得胶黏剂的拉伸黏弹性本构关系后,即可用于预测剪应力作用下的胶层的蠕变变形。将已经得到的修正的 Burgers 模型和 Findley 幂律方程用于预测试件的蠕变柔量,并将预测结果与试验结果对比,如图 3-24 所示。从图中可知,Findley 幂律方程的预测结果在稳态蠕变阶段要大于试验结果,而修正的 Burgers 模型的预测结果与试验结果吻合较好。

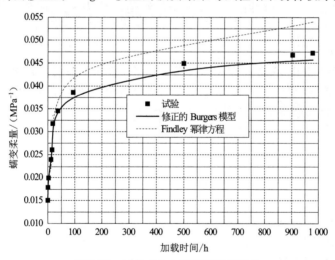

图 3-24　试件 E-3 A 面蠕变柔量对比

3.3　既有的 CFRP-钢界面黏结-滑移本构模型

3.3.1　双线性黏结-滑移本构模型

基于 CFRP-混凝土界面的双线性黏结-滑移本构模型,研究者通过试验研究和理论分析得出了 CFRP-钢界面的双线性黏结-滑移本构模型,如图 3-25 所示。该模型能够较好地符合 CFRP 与钢材局部黏结剪应力-滑移的特点,也是目前应用最为广泛的模型,包括 Xia & Teng 模型、Fawzia 模型和 Fernando 模型。

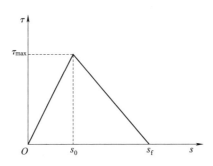

图 3-25   双线性黏结-滑移曲线

双线性黏结-滑移本构模型可通过下列表达式描述,即

$$\tau = \begin{cases} \tau_{max} \dfrac{s}{s_0}, & s \leqslant s_0 \\[2mm] \tau_{max} \dfrac{s_f - s}{s_f - s_0}, & s_0 < s \leqslant s_f \\[2mm] 0, & s > s_f \end{cases} \tag{3-38}$$

该模型需要确定三个关键性的参数,即局部峰值剪应力 τ_{max}、峰值滑移量 s_0、最大滑移量 s_f。

(1)Xia & Teng 模型

Xia & Teng 仿照 CFRP-混凝土单剪试件拉伸试验,进行了一系列 CFRP 板-钢单剪试件拉伸试验,以研究 CFRP-钢界面的黏结性能。基于试验得出的黏结-滑移曲线,Xia & Teng 给出了双线性黏结-滑移本构模型的三个参数,其表达式为

$$\tau_{max} = 0.8 f_{t,a} \tag{3-39a}$$

$$s_0 = \tau_{max} t_a / G_a \tag{3-39b}$$

$$s_f = 62 \left(\frac{f_{t,a}}{G_a} \right)^{0.56} t_a^{0.27} / \tau_{max} \tag{3-39c}$$

式中 $f_{t,a}$——胶层抗拉强度;

t_a——胶层厚度;

G_a——胶层拉伸模量。

(2)Fawzia 模型

Fawzia 等的研究表明双线性黏结-滑移本构模型中滑移量与胶层厚度有关。其表达式为

$$\tau_{max} = f_{t,a} \tag{3-40a}$$

$$s_0 = t_a / 10 \tag{3-40b}$$

$$s_f = \begin{cases} t_a / 4, & t_a = 0.1 \sim 0.5 \text{ mm} \\[1mm] 0.125 + (t_a - 0.5)/10, & t_a = 0.5 \sim 1 \text{ mm} \end{cases} \tag{3-40c}$$

（3）Fernando 模型

Fernando 通过研究发现模型中最大滑移量 s_f 和胶黏剂受拉应变能 R 有关,其表达式为

$$\tau_{max} = 0.9f_{t,a} \tag{3-41a}$$

$$s_0 = 0.3(t_a/G_a)^{0.65}f_{t,a} \tag{3-41b}$$

$$s_f = 1256t_a^{0.5}R^2/\tau_{max} \tag{3-41c}$$

3.3.2 三线性黏结-滑移本构模型

Fernando 通过对使用非弹性胶黏剂的 CFRP-钢单剪试件进行拉伸试验,研究发现非弹性胶黏剂具有较大的变形能力,从而具有比弹性胶黏剂更高的界面断裂能,其黏结-滑移曲线具有梯形的形状特性,可以采用三线性黏结-滑移本构模型模拟 CFRP-钢界面的黏结性能,如图 3-26所示。Dehghani 等应用离散弹簧模拟 CFRP-钢界面的黏结特性,并提出了一种新的黏结-滑移本构模型——三线性黏结-滑移本构模型,模型中增加的塑性部分能够延长界面的软化过程,更好地模拟界面的剥离过程。

三线性黏结-滑移本构模型可通过下列表达式描述,即:

$$\tau = \begin{cases} \tau_{max}\dfrac{s}{s_0}, & s \leqslant s_1 \\ \tau_{max}, & s_1 < s \leqslant s_2 \\ \tau_{max}\dfrac{s_f - s}{s_f - s_0}, & s_2 < s \leqslant s_f \\ 0, & s > s_f \end{cases} \tag{3-42}$$

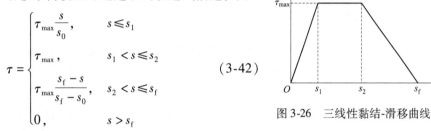

图 3-26 三线性黏结-滑移曲线

该模型需要确定四个关键性的参数,即局部峰值剪应力 τ_{max}、滑移量 s_1、滑移量 s_2、最大滑移量 s_f。

（1）Fernando 模型

Fernando 通过荷载试验确定了三线性黏结-滑移本构模型中的相关参数,由于只有三个拉伸试件,试验数据量有限,因此作者只给出了滑移量 s_1 和 s_2 的数值,并指出它们与胶的刚度和强度有关。

$$\tau_{max} = 0.9f_{t,a} \tag{3-43a}$$

$$s_1 = 0.081 \text{ mm} \tag{3-43b}$$

$$s_2 = 0.80 \text{ mm} \tag{3-43c}$$

$$s_f = \frac{2[G_f - \tau_{max}(s_2 - s_1/2)]}{\tau_{max}} + s_2 \tag{3-43d}$$

式中　G_f——界面断裂能(黏结-滑移曲线包围面积)。

（2）Dehghani 模型

Dehghani 等通过理论推导认为三线性黏结-滑移本构模型中的各参数的表达式为

$$\tau_{max} = 0.8f_{t,a} \tag{3-44a}$$

$$s_1 = \tau_{max}t_a/G_a \tag{3-44b}$$

$$s_f = \frac{3G_f}{2\tau_{max}} + \frac{3}{4}s_1 \tag{3-44c}$$

式中　G_f——界面断裂能(黏结-滑移曲线包围面积)。

3.3.3　Popovics 模型

薛耀等对低龄期下 CFRP-钢拉伸试件进行了轴向静力拉伸试验,研究了不同养护时间下 CFRP-钢界面黏结性能。参照 CFRP-混凝土界面本构模型,采用 Popovics 公式对 CFRP-钢界面黏结-滑移曲线进行描述,即

$$\tau = \tau_{\max} \frac{s}{s_0} \frac{n}{n - 1 + (s/s_0)^n} \qquad (3\text{-}45)$$

式中　s——滑移量;

　　　τ——界面拉伸应力;

　　　n——与曲线形式有关的参数,通过对试验结果拟合得出。

3.4　考虑蠕变损伤影响的黏结-滑移本构模型

3.4.1　黏结-滑移曲线

CFRP 与钢界面上一点的剪应力 τ 和滑移量 s 关系就是该点黏结-滑移关系,即 τ-s 曲线。τ-s 曲线可以很好地反映界面局部黏结性能。为建立黏结-滑移关系,最主要的是求出界面上指定点处的滑移量 s 和界面剪应力 τ。

界面剪应力 τ 的推导过程可参考式(3-18)~式(3-21),其数值可由式(3-21)计算得出。

通过测量密集应变片的应变,对各个应变从自由端至测点位置依次积分,即可计算测点的局部滑移量 s,即

$$s_i = \int_0^{x_i} \varepsilon(x)\,\mathrm{d}x \qquad (3\text{-}46)$$

式中　s_i——测点 i 处滑移量;

　　　x_i——测点 i 距离末端距离;

　　$\varepsilon(x)$——末端到测点之间各点处的应变值。

进行数据处理时,采用数值积分的方式实现,即

$$s_i = \sum_{j=0}^{i-1} \frac{(\varepsilon_{c,j+1} + \varepsilon_{c,j})}{2}(L_{j+1} - L_j) \qquad (3\text{-}47)$$

式中　$\varepsilon_{c,j}$——第 j 个测点的应变值;

　　　L_j——第 j 个测点到加载端的长度。

相邻两个测点中点位置的滑移量可以通过下式计算:

$$s(x) = \frac{s_i + s_{i+1}}{2} \qquad (3\text{-}48)$$

根据上述公式,即可计算相邻两个应变片中点的剪应力 τ 和滑移量 s。

部分试件的黏结-滑移曲线如图 3-27 ~ 图 3-39 所示。

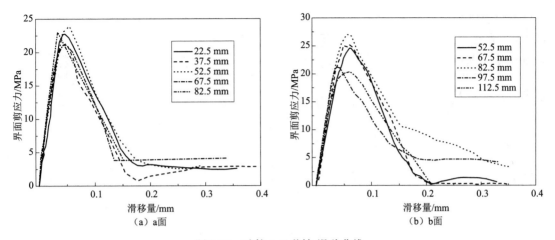

图 3-27　试件 A-2 黏结-滑移曲线

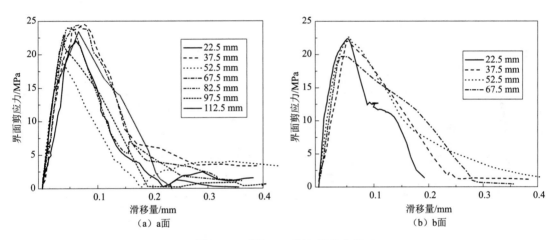

图 3-28　试件 A-3 黏结-滑移曲线

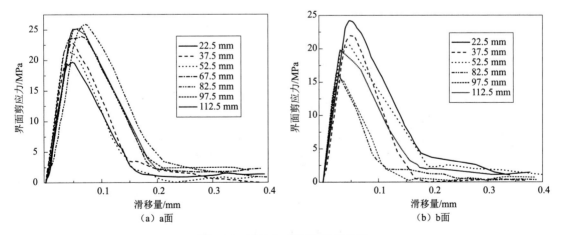

图 3-29　试件 B-6 黏结-滑移曲线

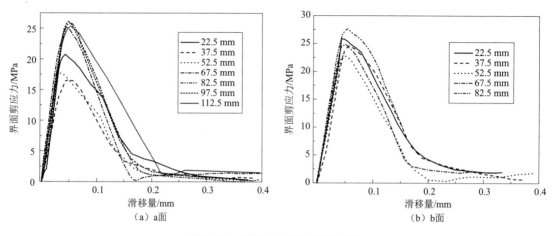

图 3-30　试件 B-1 黏结-滑移曲线

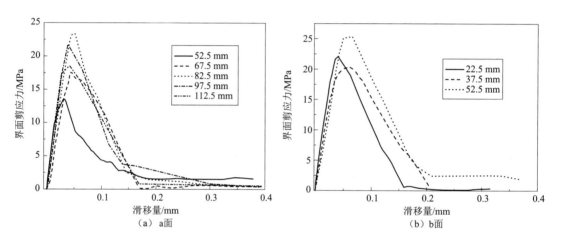

图 3-31　试件 B-2 黏结-滑移曲线

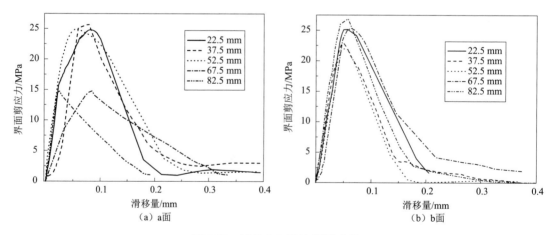

图 3-32　试件 B-3 黏结-滑移曲线

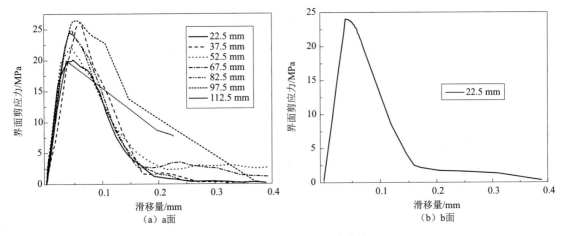

图 3-33　试件 C-1 黏结-滑移曲线

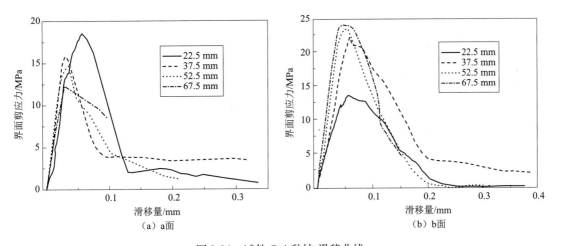

图 3-34　试件 C-4 黏结-滑移曲线

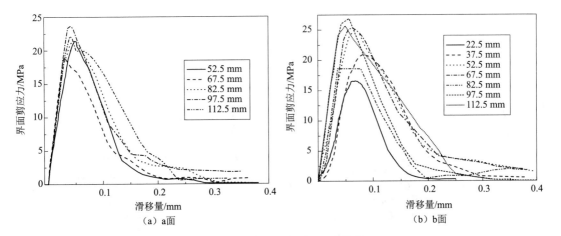

图 3-35　试件 C-6 黏结-滑移曲线

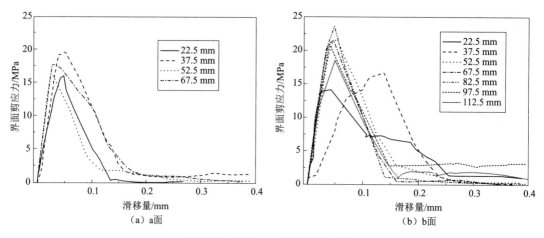

图 3-36　试件 D-4 黏结-滑移曲线

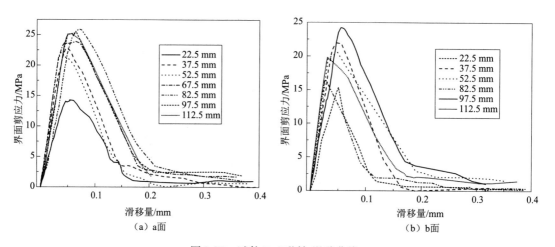

图 3-37　试件 D-6 黏结-滑移曲线

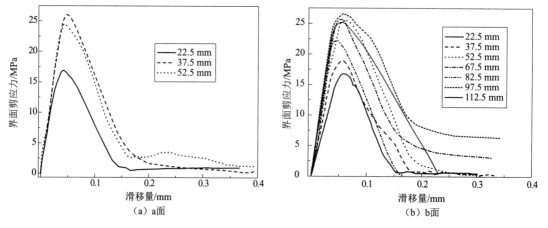

图 3-38　试件 E-2 黏结-滑移曲线

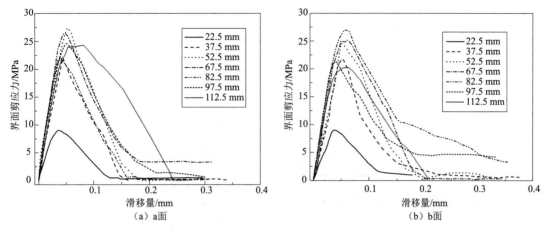

图 3-39　试件 E-6 黏结-滑移曲线

观察各试件的黏结-滑移曲线可知,虽然曲线各特征点有些差别,但是黏结-滑移曲线形状仍具有很高的一致性,均由一个直线上升段和一个曲线下降段组成,表现为:

(1)当滑移量很小时,CFRP-钢黏结界面具有很大的黏结刚度,此时黏结-滑移曲线是直线上升段,也说明黏结界面为弹性变形。

(2)随着滑移量的增加,界面黏结刚度逐渐减小,直接变现为局部界面剪应力的增加速率逐渐减小。

(3)当局部界面剪应力达到峰值后,界面逐渐发生剥离,黏结-滑移曲线进入曲线下降段,随着滑移逐渐增大,界面承载力快速下降。

(4)在曲线下降段即将结束时,局部界面剪应力由 CFRP 和钢材之间断裂面的裂面摩擦作用和咬合作用承受。

评价 CFRP-钢界面黏结性能的一个重要指标就是黏结-滑移曲线,而影响黏结-滑移曲线形状的主要因素是峰值滑移量和界面的黏结刚度。黏结刚度定义为界面剪应力增量与滑移量增量的比值,也就是直线上升段的斜率。以试件 E-6 为例,其各位置处峰值滑移量和名义黏结刚度见表 3-3。从表中可以清晰地看出,随着离加载端距离的增加,峰值滑移量、最大剪应力和名义黏结刚度均匀不同程度地增加,增加到一定数值后稳定。出现这种情况是因为界面胶黏剂在荷载作用下发生了蠕变损伤,导致界面黏结性能出现退化。退化主要发生在加载端附近区域,且随着离加载端距离的增加退化逐渐减弱,这是因为加载端附近界面剪应力较大,界面剪应力随着离加载端的距离增大降低很快。

表 3-3　试件 E-6 黏结-滑移曲线相应参数

距离 /mm	a 面			b 面		
	峰值滑移量 s_0/mm	最大剪应力 τ_{max}/MPa	名义黏结刚度 k/(MPa/mm)	峰值滑移量 s_0/mm	最大剪应力 τ_{max}/MPa	名义黏结刚度 k/(MPa/mm)
22.5	0.037	8.93	237.9	0.036	8.68	238.9
37.5	0.049	22.03	442.91	0.052	23.78	426.32
52.5	0.053	27.43	466.72	0.049	24.57	453.81

续上表

距离/mm	a 面			b 面		
	峰值滑移量 s_0/mm	最大剪力 τ_{max}/MPa	名义黏结刚度 k/(MPa/mm)	峰值滑移量 s_0/mm	最大剪应力 τ_{max}/MPa	名义黏结刚度 k/(MPa/mm)
67.5	0.048	26.37	578.87	0.049	25.01	556.29
82.5	0.040	22.06	586.07	0.050	26.21	558.18
97.5	0.051	24.66	556.24	0.040	21.31	571.32
112.5	0.053	23.92	566.42	0.051	20.10	573.46

所有试件的峰值滑移量和计算的名义黏结刚度见表 3-4。表中离加载端 22.5 mm 处数值取 a 面和 b 面的平均值,其余测点数值是除 22.5 mm 外的其余 a 面和 b 面各点峰值滑移量、最大剪应力和名义黏结刚度的平均值。处理试验数据时,除了剔除不合理的黏结-滑移曲线,还需要考虑试件制作的初始缺陷以及部分应变片损坏的影响。

进一步研究各组试件的黏结-滑移曲线以及表 3-4 中的数据,可以发现 A 组和 B 组试件的黏结-滑移曲线中峰值滑移量和最大剪应力基本相同,C 组、D 组和 E 组试件离加载端 22.5 mm 处黏结-滑移曲线中的峰值滑移量和峰值剪应力要小于其余测点。这是因为界面胶黏剂蠕变损伤大小与持载水平有关,C 组、D 组和 E 组试件的加载应力水平要高于其他组,说明蠕变损伤只有在应力达到一定程度后,才会在黏结-滑移曲线中体现出来。试验结果还表明,蠕变损伤只发生在加载端附近区域内,且随着持载时间的增加而增大。另外,名义黏结刚度 k 的变化趋势也反映了上述分析结果。

表 3-4 各试件黏结-滑移曲线相应参数

试件编号	离加载端 22.5 mm 处			其余位置处		
	峰值滑移量 s_0/mm	峰值剪应力 τ_{max}/MPa	名义黏结刚度 k/(MPa/mm)	峰值滑移量 s_0/mm	峰值剪应力 τ_{max}/MPa	名义黏结刚度 k/(MPa/mm)
A-1	0.048	23.42	531.62	0.047	22.71	546.23
A-2	0.049	22.75	545.97	0.050	23.64	551.79
A-3	0.047	23.58	538.76	0.048	22.31	533.41
B-1	0.048	22.74	577.25	0.048	23.95	563.86
B-2	0.047	21.82	534.21	0.045	20.88	551.45
B-3	0.044	25.11	538.52	0.043	24.19	542.62
B-4	0.046	22.43	527.33	0.050	23.17	538.12
B-5	0.048	21.97	532.26	0.049	22.69	518.34
B-6	0.042	20.78	505.34	0.044	22.57	565.37
C-1	0.044	23.18	531.72	0.045	22.71	532.65
C-2	0.041	21.65	516.53	0.043	23.19	529.46
C-3	0.042	20.43	474.12	0.049	23.28	519.23
C-4	0.040	18.09	424.92	0.046	22.69	542.65

续上表

试件编号	离加载端22.5 mm 处			其余位置处		
	峰值滑移量 s_0/mm	峰值剪应力 τ_{max}/MPa	名义黏结刚度 k/(MPa/mm)	峰值滑移量 s_0/mm	峰值剪应力 τ_{max}/MPa	名义黏结刚度 k/(MPa/mm)
C-5	0.039	16.32	401.77	0.044	22.53	531.97
C-6	0.040	16.58	383.16	0.042	23.35	545.23
D-1	0.045	22.87	511.65	0.048	23.28	499.45
D-2	0.042	18.43	450.88	0.045	20.51	521.23
D-3	0.037	15.79	415.25	0.048	21.09	517.34
D-4	0.039	15.45	385.15	0.043	23.21	534.18
D-5	0.037	14.34	332.08	0.048	25.10	542.51
D-6	0.038	14.26	310.92	0.045	21.93	565.68
E-1	0.044	21.04	478.24	0.046	19.32	482.27
E-2	0.040	16.34	463.04	0.046	23.07	528.21
E-3	0.039	13.53	374.29	0.049	22.36	474.32
E-4	0.036	11.82	318.33	0.049	21.97	512.63
E-5	0.037	9.47	251.83	0.047	23.44	542.61
E-6	0.037	8.81	238.40	0.045	23.95	528.05

3.4.2　考虑蠕变损伤折减的双线性黏结-滑移本构模型

进一步研究表 3-4 中的数据发现,当拉伸试件蠕变荷载 P 大于 44.3% P_u 时,在加载端附近(距离加载端 22.5 mm 处),黏结-滑移曲线的特征参数峰值滑移量、峰值剪应力、名义黏结刚度随着拉伸试件持载时间以及持载应力水平等的增加而减小。这是因为界面胶黏剂为黏弹性材料,具有时变特性,在荷载作用下会发生蠕变变形,其蠕变变形会造成胶层的损伤,而且持载时间越长、持载剪应力水平越高,蠕变损伤越大;另外,由蠕变试验测得的 CFRP 应变数据不难看出,拉伸试件应力传递只在加载端附近有限的黏结界面内发生,如图 3-40 所示,在加载端附近 CFRP 轴向应变较大,其随着距加载端距离的增加迅速降低。所以,在加载端附近界面发生蠕变损伤,黏结-滑移曲线的特征参数会减小。距离加载端较远时,界面没有损伤,试件的黏结-滑移曲线各参数基本相同。

Monti 等在研究 CFRP-混凝土界面黏结性能时,首次采用双线性模型模拟界面的黏结-滑移曲线,后续研究多是在该模型的基础上开展。在研究 CFRP-钢界面黏结性能时,Xia & Teng、Fawzia 和 Fernando 均采用双线性模型表征黏结-滑移本构关系。该模型具有形式简单,且能够较好地符合 CFRP 与钢材局部黏结剪应力-滑移的特点。还可利用该模型对 CFRP-钢界面剥离破坏过程进行分析。而 Popovics 模型虽能较好地表现上升段的饱和过程以及下降段的界面软化过程,但是不能体现界面的剥离破坏过程。三线性黏结-滑移本构模型主要用来表征 CFRP-钢界面为非弹性胶黏剂的界面黏结性能。

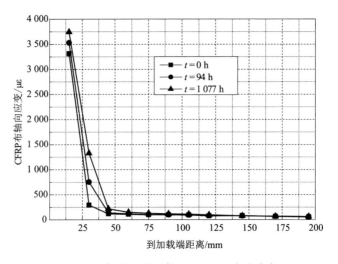

图 3-40   蠕变试验试件 D-3 CFRP 应变分布

基于以上分析,本书采用双线性黏结-滑移本构模型描述 CFRP-钢界面的黏结-滑移曲线。为了考虑胶层蠕变损伤对界面黏结性能的影响,在式(3-38)的基础上引入三个小于 1 的折减系数:峰值剪应力蠕变损伤系数 β、峰值滑移量蠕变损伤系数 η 和最大滑移量蠕变损伤系数 γ,三个系数都是持载水平 κ 和持载时间 t 的函数,可通过对试验数据回归分析得到,考虑蠕变损伤折减的双线性黏结-滑移本构模型如图 3-41 所示。

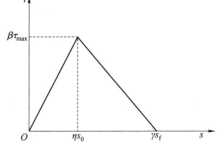

$$\tau'_{max} = \beta\tau_{max} = f(\kappa,t)\tau_{max} \qquad (3\text{-}49a)$$
$$s'_0 = \eta s_0 = g(\kappa,t)s_0 \qquad (3\text{-}49b)$$
$$s'_f = \gamma s_f = h(\kappa,t)s_f \qquad (3\text{-}49c)$$

将以上各式代入双线性黏结-滑移本构模型式(3-38)中,可改写成

图 3-41   考虑蠕变损伤折减的
双线性黏结-滑移曲线

$$\tau = \begin{cases} \beta\tau_{max}\dfrac{s}{\eta s_0}, & s \leqslant \eta s_0 \\[2mm] \beta\tau_{max}\dfrac{\gamma s_f - s}{\gamma s_f - \eta s_0}, & \eta s_0 < s \leqslant \gamma s_f \\[2mm] 0, & s > \gamma s_f \end{cases} \qquad (3\text{-}50)$$

3.4.3   本构模型参数的确定

由 3.5.2 节分析可知,距离加载端较远区域,界面没有发生蠕变损伤,黏结-滑移曲线的特征参数基本相同。下面首先对非损伤区域的黏结-滑移曲线参数进行分析。

1. 界面断裂能 G_f

界面断裂能 G_f 是研究界面黏结-滑移行为以及计算界面黏结强度的重要参数,其定义为黏结-滑移曲线所包围的面积,可通过下面积分方程求得:

$$G_f = \int \tau \mathrm{d}s \tag{3-51}$$

　　CFRP 与混凝土界面主要破坏模式为胶层下混凝土层撕裂,而 CFRP-钢界面主要破坏模式为胶层内聚破坏,因此不能简单地将 CFRP-混凝土界面断裂能 G_f 的计算公式应用于 CFRP-钢界面分析中。Fernando 通过研究 CFRP-钢单剪试件的试验数据发现,界面断裂能 G_f 与胶层的厚度 t_a 和胶的拉伸应变能 R 有关,通过回归分析,建议的界面断裂能 G_f 的计算公式为

$$G_f = 628 t_a^{0.5} R^2 \tag{3-52}$$

式中　R——胶的拉伸应变能(单轴拉伸应力-应变曲线所包围的面积);

　　　t_a——胶层厚度。

　　本书胶黏剂材料的性能数据由厂家提供,无法计算胶体的拉伸应变能,故不能应用式(3-52)。Xia & Teng 基于单剪试件的试验结果,给出了 CFRP-钢界面断裂能 G_f 的计算公式为

$$G_f = 31 \left(\frac{f_{t,a}}{G_a} \right)^{0.56} t_a^{0.27} \tag{3-53}$$

式中　$f_{t,a}$——胶层的抗拉强度,MPa;

　　　G_a——胶层的拉伸强度,MPa。

　　参考式(3-53),并结合本书的试验结果,建议界面断裂能 G_f 的计算采用下面公式

$$G_f = 17 \left(\frac{f_{t,a}}{G_a} \right)^{0.56} t_a^{0.27} \tag{3-54}$$

　　将本书的试验结果和式(3-54)计算的结果进行对比,如图 3-42 所示。从图中可见式(3-54)的预测结果与试验结果吻合较好,相关系数 $R^2 = 0.848$。

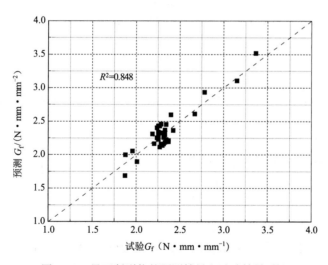

图 3-42　界面断裂能的预测结果和试验结果对比

2. 峰值剪应力 τ_{max}

　　Fernando 通过研究发现峰值剪应力 τ_{max} 与胶层厚度、CFRP 的轴向刚度无关,而与胶的抗拉强度 $f_{t,a}$ 有关,这与 Xia & Teng 和 Fawzia 的研究成果一致。基于本书的试验数据,建议采用下面公式计算峰值剪应力 τ_{max},即

$$\tau_{max} = 0.485 f_{t,a} \tag{3-55}$$

本书试验用胶黏剂的拉伸强度 $f_{t,a}$ = 47 MPa，根据式（3-21）计算的 τ_{max} = 22.795 MPa，与表 3-4 中的试验结果符合较好。

3. 峰值滑移量 s_0

Xia & Teng 和 Fernando 均认为峰值滑移量与胶层厚度、胶层刚度以及胶体抗拉强度有关，而 Fawzia 则认为峰值滑移量只与胶层厚度有关。综合考虑以上相关因素，结合本书试验数据的研究分析结果，建议峰值滑移量 s_0 采用下式计算：

$$s_0 = 0.162 (t_a/G_a)^{0.65} f_{t,a} \tag{3-56}$$

将本书建议的峰值滑移量 s_0 计算式（3-56）与式（3-39b）、式（3-40b）和式（3-41b）的计算结果以及试验结果进行对比分析，如图 3-43 所示。

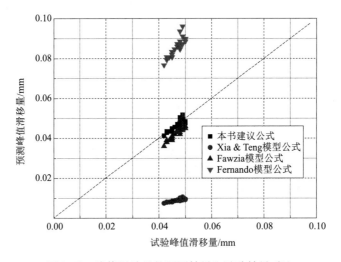

图 3-43　峰值滑移量的预测结果和试验结果对比

从图 3-43 中可以看出，对于本书试验结果来说，式（3-56）对峰值滑移量 s_0 预测效果要优于 Xia & Teng 模型、Fernando 模型和 Fawzia 模型，其相关系数 R^2 = 0.790。

4. 最大滑移量 s_f

最大滑移量 s_f 采用陆新征研究 FRP-混凝土界面行为时给出的计算公式，该公式也被 Fernando 用来研究 CFRP-钢的界面行为，即

$$s_f = 2G_f/\tau_{max} \tag{3-57}$$

5. 蠕变损伤系数

对比表 3-4 中各组试件的黏结-滑移曲线数据，不难发现 A 组和 B 组试件，以及 C 组、D 组和 E 组除 22.5 mm 外的其余位置黏结-滑移曲线数据未见明显的偏差，而 C 组、D 组和 E 组在 22.5 mm 处的试验数据明显低于其他数据，并呈现一定的规律性。A 组试件为对比试件，没有进行蠕变加载；B 组由于蠕变持载水平 κ（κ = 22.3%）较低，加载端 22.5 mm 处蠕变损伤不明显，故 B 组试件与 A 组试件均不考虑胶层蠕变损伤对其黏结-滑移本构模型的影响。C 组、D 组和 E 组蠕变持载水平 κ（$\kappa \geqslant 44.3\%$）较高，距加载端部 22.5 mm 处胶层发生蠕变变形，从而导致胶层发生损伤，而在黏结长度范围内仅部分界面剪应力较为显著，在其他位置剪应力却

很小,所以除加载端附近外,其他位置胶层未见明显损伤。通过对试验数据进行回归分析,即可拟合出峰值剪应力蠕变损伤系数 β、峰值滑移量蠕变损伤系数 η 和最大滑移量蠕变损伤系数 γ 与蠕变持载水平 κ 和持载时间 t 的关系。

以峰值剪应力蠕变损伤系数 β 为例,首先对于 C 组、D 组和 E 组试验数据,分别拟合出峰值剪应力 τ'_{max} 与持载时间 t 的表达式,见表 3-5。

表 3-5　峰值剪应力与加载天数的关系

组名	峰值剪应力 τ'_{max}/MPa	相关系数
C 组	$\tau'_{max} = -2.53\ln t + 27.40$	0.966
D 组	$\tau'_{max} = -2.82\ln t + 25.81$	0.868
E 组	$\tau'_{max} = -4.15\ln t + 26.74$	0.973

将表 3-5 中各方程写成统一形式

$$\tau'_{max} = A\ln t + B \tag{3-58}$$

研究发现式(3-58)中参数 A 和 B 与蠕变持载水平 κ 有关。通过对表 3-5 中各方程系数进行拟合分析,可得参数 A 和 B 分别为

$$A = -29.25\kappa^2 + 28.63\kappa - 9.47 \tag{3-59a}$$
$$B = 60.16\kappa^2 - 72.98\kappa + 47.93 \tag{3-59b}$$

将上面两式代入式(3-58),并结合式(3-49a)和式(3-55),可求得当加载时间 $t > 0$ d 且 $44.3\% \leqslant \kappa \leqslant 72.9\%$ 时,峰值剪应力蠕变损伤系数 β 为

$$\beta = \begin{cases} 1, & t = 0 \\ (-1.27\kappa^2 + 1.24\kappa - 0.41)\ln t + 2.61\kappa^2 - 3.17\kappa + 2.08, & t > 0 \text{ 且 } 44.3\% \leqslant \kappa \leqslant 72.9\% \end{cases} \tag{3-60}$$

应用式(3-60)预测 C 组、D 组和 E 组距离加载端22.5 mm 处的峰值剪应力 τ_{max},预测结果和试验结果对比如图 3-44 所示。

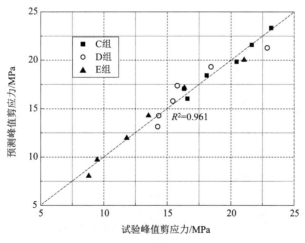

图 3-44　峰值剪应力的预测结果和试验结果对比

从表 3-4 中 B 组试验数据可知,当 $\kappa = 22.3\%$ 时,峰值剪应力 τ_{max} 未见明显减小,表明当前

蠕变持载水平下,胶层未见明显损伤;从表3-4中其余组试验数据可知,当44.3% ≤κ≤72.9% 时,离加载端22.5 mm处胶层出现明显损伤现象。当22.3% <κ<44.3%或κ>72.9%时,本书未进行相应蠕变持载水平的试验研究,蠕变损伤的判断还需要进一步研究。

采用与推导峰值剪应力蠕变损伤系数 β 同样的方法,可以峰值滑移量蠕变损伤系数 η 和最大滑移量蠕变损伤系数 γ 分别为

$$\eta = \begin{cases} 1, & t=0 \\ (-3.06\kappa^2+3.83\kappa+0.88)\times10^{-3}t^{0.5\kappa^2-0.69\kappa+0.17}, & t>0 \text{ 且 } 44.3\% \leq\kappa\leq72.9\% \end{cases} \quad (3\text{-}61)$$

$$\gamma = \begin{cases} 1, & t=0 \\ (-0.012\kappa^2+0.015\kappa+0.004)t^{0.48\kappa^2-0.53\kappa+0.26}, & t>0 \text{ 且 } 44.3\% \leq\kappa\leq72.9\% \end{cases} \quad (3\text{-}62)$$

依据本书的试验结果以及理论分析可以得出以下结论:

(1)当CFRP黏结长度大于有效黏结长度时,胶层蠕变损伤对CFRP-钢界面极限承载力的影响可以忽略不计,可以从表2-8中极限承载力的试验结果得到证明。计算CFRP-钢界面极限承载力时,将 β、η 和 γ 都取1,利用式(3-50)表征界面的黏结-滑移本构关系。

(2)当CFRP黏结长度小于有效黏结长度时,胶层将会在持续荷载的作用下产生蠕变损伤,其影响CFRP-钢界面的黏结性能。此时,应考虑蠕变损伤对界面黏结性能的折减,利用式(3-60)、式(3-61)和式(3-62)计算折减系数 β、η 和 γ,再将折减系数代入式(3-50)中,计算界面的黏结-滑移本构关系。

3.4.4 黏结-滑移曲线的对比

获得双线性黏结-滑移本构模型的各个参数后,即可应用式(3-50)绘制黏结-滑移曲线。当考虑蠕变损伤对界面的折减时,应根据式(3-60)~式(3-62)分别计算折减系数 β、η 和 γ;对于未损伤界面,折减系数 $\beta = \eta = \gamma = 1$。试件E-6预测的黏结-滑移曲线和试验的黏结-滑移曲线对比如图3-45所示。从图中可知,双线性黏结-滑移本构模型在上升段的预测结果与试验结果吻合较好,下降段稍有偏差,这主要是因为界面损伤退化不均匀,导致下降段呈非线性特征。

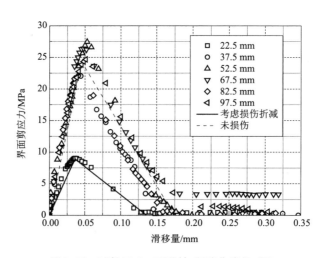

图3-45 试件 E-6 a面黏结-滑移曲线的对比

小　结

本章所论述的试验是第 2 章试验研究的基础上展开的,通过对试验数据的分析,本章阐述了持载时间和持载水平对 CFRP-钢界面时变本构关系的影响。主要包括以下内容:

(1)总结了既有的加固用胶黏剂黏弹性本构模型的特点和研究现状,包括流变力学模型和 Findley 幂律方程。根据 CFRP-钢拉伸试件的受力特点,推导了胶层剪应变和胶层剪应力的计算公式,绘制了胶层剪应变随时间变化曲线和拉伸蠕变柔量随时间变化曲线,两条曲线具有相同的特征,均可以分为三个阶段:弹性阶段、过渡蠕变阶段和稳态蠕变阶段。

(2)采用修正的 Burgers 模型和 Findley 幂律方程来表征 CFRP-钢界面胶黏剂受剪状态下的黏弹性。根据 Burgers 模型各元件应力-应变关系特点,给出了模型中各参数的拟合方法,通过对蠕变试验结果的拟合分析得到了本构模型的相关参数。推导了 Findley 幂律方程蠕变柔量计算公式,分析了剪应力和持载时间对本构模型中各参数的影响。通过与试验结果对比发现,修正的 Burgers 模型预测结果与试验结果吻合较好,而 Findley 幂律方程的预测结果偏高。

(3)总结了既有的 CFRP-钢界面黏结-滑移本构模型的特点以及各参数的计算公式。本章所论述试验得出的 CFRP-钢界面黏结-滑移曲线由上升段、下降段和软化剥离段组成,滑移较小时,界面呈弹性,随着界面损伤的逐步发展,界面刚度不断降低,当界面应力达到峰值后,界面开始剥离,黏结应力快速下降,下降后期由于界面剥离后开裂面软化以及咬合作用下降速率逐渐减缓,并降低至零。

(4)对试验数据的分析结果表明,随着离加载端距离的增加,峰值滑移量、最大剪应力和名义黏结刚度均匀不同程度的增加,增加到一定数值后稳定。胶黏剂蠕变导致加载端附近区域黏结界面发生蠕变损伤,持载水平越高、持载时间越长造成的蠕变损伤越大。

(5)综合考虑已有的黏结-滑移本构模型特点以及本章试验结果后,通过引入三个损伤折减系数,提出了考虑胶黏剂蠕变损伤折减的 CFRP-钢界面双线性黏结-滑移本构模型,回归分析得到了三个系数的计算公式。同时指出,若计算加载端附近界面剪应力时,应先计算折减系数 β、η 和 γ,然后代入本构模型中;若计算加载端附近以外区域的界面应力时,折减系数 β、η 和 γ 都取 1,即不考虑蠕变损伤的影响。

第4章　CFRP-钢拉伸试件时变力学行为研究

CFRP-钢拉伸试件作为研究 CFRP-钢界面黏结性能最基本的构件,其界面应力的分布状态以及界面的剥离破坏过程是研究 CFRP 加固钢结构荷载传递机理和界面剥离破坏机理的重要途径。在第 3 章界面本构关系研究的基础上,本章将论述 CFRP-钢拉伸试件的黏结界面应力理论以及界面剥离破坏全过程特征。首先,基于修正的 Burgers 模型,利用黏弹性力学理论,阐述 CFRP-钢拉伸试件界面应力计算公式的推导,进而分析胶黏剂黏弹性对界面应力的时变影响;其次,基于考虑蠕变损伤影响的双线性黏结-滑移本构模型,采用断裂力学手段对 CFRP-钢界面剥离破坏全过程进行分析,阐述界面剥离各个阶段的界面滑移量、界面剪应力和 CFRP 轴向应力计算公式的推导。

4.1　基于黏弹性本构关系的界面应力时变分析

4.1.1　界面剪应力控制微分方程

钢和 CFRP 双搭接拉伸试件受力如图 4-1 所示。图 4-1 中钢板端部受到随时间变化的荷载 $P_0H(t)$($H(t)$ 为单位阶跃函数)作用,钢板、胶黏剂、CFRP 的厚度分别为 t_s、t_a、t_c,弹性模量分别为 E_s、E_a、E_c。在整体结构中取一个微元隔离体,作为力学的计算模型,对其进行受力分析,微元受力分析如图 4-2 所示。为了简化分析过程,在时变荷载作用下,对钢板与 CFRP 的黏结界面进行应力分析时,做出如下基本假定:

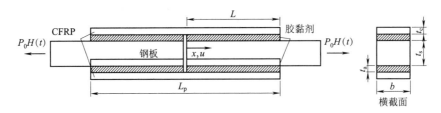

图 4-1　CFRP-钢拉伸试件受力

(1)钢材与 CFRP 均为线弹性材料。
(2)胶黏剂为黏弹性材料,具有时变特性。
(3)忽略弯矩的作用,胶层只传递剪应力,且在胶层厚度和 CFRP 粘贴宽度范围内均匀分布。

根据力平衡条件有

$$\frac{\partial N_c(x,t)}{\partial x} = b \cdot \tau(x,t) \tag{4-1}$$

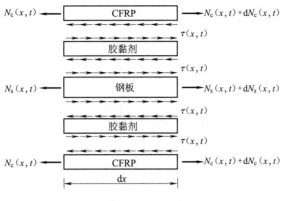

图 4-2　微元体受力

$$\frac{\partial N_\text{s}(x,t)}{\partial x} = -2b \cdot \tau(x,t) \tag{4-2}$$

引入物理方程

$$\varepsilon_\text{c}(x,t) = \frac{\partial u_\text{c}(x,t)}{\partial x} = \frac{N_\text{c}(x,t)}{E_\text{c} t_\text{c} b} \tag{4-3}$$

$$\varepsilon_\text{s}(x,t) = \frac{\partial u_\text{s}(x,t)}{\partial x} = \frac{N_\text{s}(x,t)}{E_\text{s} t_\text{s} b} \tag{4-4}$$

假设胶层处于纯剪受力状态,有关系式

$$\gamma_\text{a}(x,t) = [u_\text{c}(x,t) - u_\text{s}(x,t)]/t_\text{a} \tag{4-5}$$

胶黏剂黏弹性材料的本构关系可以采用微分算子形式表示,即

$$P\sigma = Q\varepsilon \tag{4-6}$$

对于只有拉伸变形的各向同性的黏弹性材料有

$$P_1 S_{ij} = Q_1 e_{ij}, \quad i = 1,2,3; \, j = 1,2,3 \tag{4-7}$$

式中,P_1 和 Q_1 为对时间 t 的微分算子;S_{ij} 和 e_{ij} 分别为应力偏张量 S 和应变偏张量 e 的各分量。纯拉伸受力状态下,有

$$S_{ij} = \begin{pmatrix} 0 & \tau(x,t) & 0 \\ \tau(x,t) & 0 & 0 \\ 0 & 0 & 0 \end{pmatrix} \tag{4-8}$$

$$e_{ij} = \begin{pmatrix} 0 & \gamma(x,t)/2 & 0 \\ \gamma(x,t)/2 & 0 & 0 \\ 0 & 0 & 0 \end{pmatrix} \tag{4-9}$$

采用 3.3.2 小节得到的界面胶黏剂黏弹性本构模型——修正的 Burgers 模型来表征胶层的拉伸黏弹性性质。该模型是由 Maxwell 模型和 Kelvin 模型串联而成,参数 G_M 和 η_M 分别代表 Maxwell 模型中弹性模量和黏度系数,参数 G_K 和 η_K 分别代表 Kelvin 模型中弹性模量和黏度系数,如图 4-3 所示。

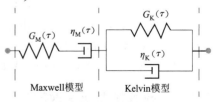

图 4-3　修正的 Burgers 模型

令微分算子 $\mathrm{d}/\mathrm{d}t = D$,则对于 Maxwell 模型有

$$\gamma_{\mathrm{M}} = \frac{\tau}{G_{\mathrm{M}}} + \frac{\tau}{\eta_{\mathrm{M}}D} \tag{4-10}$$

对于 Kelvin 模型有

$$\gamma_{\mathrm{K}} = \frac{\tau}{G_{\mathrm{K}} + \eta_{\mathrm{K}}D} \tag{4-11}$$

对于 Maxwell 模型和 Kelvin 模型串联系统,总应变为

$$\gamma = \gamma_{\mathrm{M}} + \gamma_{\mathrm{K}} = \left(\frac{\tau}{G_{\mathrm{M}}} + \frac{\tau}{\eta_{\mathrm{M}}D}\right) + \frac{\tau}{G_{\mathrm{K}} + \eta_{\mathrm{K}}D} \tag{4-12}$$

式(4-12)整理后得

$$\tau + p_1 D\tau + p_2 D^2\tau = q_1 D\gamma + q_2 D^2\gamma \tag{4-13}$$

式中,$p_1 = \dfrac{G_{\mathrm{M}}\eta_{\mathrm{M}} + G_{\mathrm{K}}\eta_{\mathrm{M}} + G_{\mathrm{M}}\eta_{\mathrm{K}}}{G_{\mathrm{M}}G_{\mathrm{K}}}$;$p_2 = \dfrac{\eta_{\mathrm{M}}\eta_{\mathrm{K}}}{G_{\mathrm{M}}G_{\mathrm{K}}}$;$q_1 = \eta_{\mathrm{M}}$;$q_2 = \dfrac{\eta_{\mathrm{M}}\eta_{\mathrm{K}}}{G_{\mathrm{K}}}$。

该黏弹性本构模型的微分算子可表示为

$$P_1 = 1 + p_1 D + p_2 D^2, \quad Q_1 = q_1 D + q_2 D^2 \tag{4-14}$$

将式(4-8)式(4-9)代入式(4-7)中,有

$$P_1 \tau(x,t) = \frac{1}{2} Q_1 \gamma_{\mathrm{a}}(x,t) \tag{4-15}$$

将式(4-5)代入式(4-15),在两边对 x 微分一次,并将式(4-3)式(4-4)代入,整理得

$$P_1 \frac{\partial \tau(x,t)}{\partial x} = \frac{Q_1}{2t_{\mathrm{a}}}\left(\frac{N_{\mathrm{c}}(x,t)}{E_{\mathrm{c}}t_{\mathrm{c}}b} - \frac{N_{\mathrm{s}}(x,t)}{E_{\mathrm{s}}t_{\mathrm{s}}b}\right) \tag{4-16}$$

在式(4-16)中对 x 微分一次,并将式(4-1)和式(4-2)代入,得

$$P_1 \frac{\partial^2 \tau(x,t)}{\partial x^2} = \frac{Q_1}{2t_{\mathrm{a}}}\left(\frac{1}{E_{\mathrm{c}}t_{\mathrm{c}}} + \frac{2}{E_{\mathrm{s}}t_{\mathrm{s}}}\right)\tau(x,t) \tag{4-17}$$

对式(4-17)两边取拉普拉斯变换,并整理得

$$\frac{\partial^2 \tau(x,s)}{\partial x^2} - \lambda^2(s)\tau(x,s) = 0 \tag{4-18}$$

其中

$$\lambda^2(s) = \frac{(q_1 s + q_2 s^2)}{2t_{\mathrm{a}}(1 + p_1 s + p_2 s^2)}\left(\frac{1}{E_{\mathrm{c}}t_{\mathrm{c}}} + \frac{2}{E_{\mathrm{s}}t_{\mathrm{s}}}\right) \tag{4-19}$$

拉普拉斯像空间内,剪应力的通解为

$$\tau(x,s) = \sum_{i=1}^{2} C_i(s)\,\mathrm{e}^{R_i(s)x} \tag{4-20}$$

$C_i(s)$ 为由边界条件决定的系数,$R_i(s)$ 为特征方程的根。

对于拉伸试件,可采用以下边界条件:

(1)$x = 0, N_{\mathrm{s}}(0,t) = 0, N_{\mathrm{c}}(0,t) = P_0 H(t)/2$;

(2)$x = L, N_{\mathrm{s}}(0,t) = P_0 H(t), N_{\mathrm{c}}(0,t) = 0$。

4.1.2 拉普拉斯逆变换的数值反演

对于复杂的积分变换方程,拉普拉斯逆变换是非常困难的,一般采用数值反演的方法求

解。关于拉普拉斯数值反演的方法很多,Hassanzadeh 等对多种数值反演方法进行了对比分析,傅里叶反演法通常需要数十甚至数百个采样才能得到满意的精度,而 Zakian 提出的拉普拉斯逆变换的数值反演法,只需要 5 个样品,便可得到高精度的数值反演。根据 Zakian 提出的算法,$F(s)$ 的拉普拉斯逆变换为

$$f(t) = \sum_{i=1}^{n} K_i F(s_i) \tag{4-21}$$

式(4-17)中 K_i、s_i 和 n 由特殊方法确定。Zakian 算法的简化形式为

$$f(t) = \frac{2}{t} \sum_{i=1}^{5} \mathrm{Re} \left(K_i F \left(\frac{a_i}{t} \right) \right) \tag{4-22}$$

式(4-18)中常数 K_i 和 a_i 已经由 Zakian 给出,见表 4-1。

表 4-1　Zakian 算法中 a_i 和 K_i 的取值

i	a_i	K_i
1	12. 837 676 75 + i1. 666 063 445	− 36 902. 082 1 + i196 990. 425 7
2	12. 226 132 09 + i5. 012 718 792	61 277. 025 24 − i95 408. 625 51
3	10. 934 303 08 + i8. 409 673 116	− 28 916. 562 88 + i18 169. 185 31
4	8. 776 434 715 + i11. 921 853 89	4 655. 361 138 − i1. 901 528 642
5	5. 225 453 361 + i15. 729 529 05	− 118. 741 401 1 − i141. 303 691 1

4.1.3　与试验结果对比

根据蠕变试验 CFRP 应变的测量结果,利用式(3-21)即可计算任意时刻任何位置处的 CFRP-钢界面剪应力,将其与 CFRP-钢拉伸试件界面剪应力的计算式(4-20)计算的进行对比,以试件 D-3 a 面界面剪应力为例,如图 4-4 所示。从图中可见,除加载端附近外,其他各位置计算结果和试验结果吻合较好。试件制作的误差或者钢板不顺直等原因,导致荷载偏心,试件上有偏心弯矩作用,加载端附近界面应力状态复杂,存在界面剥离应力。

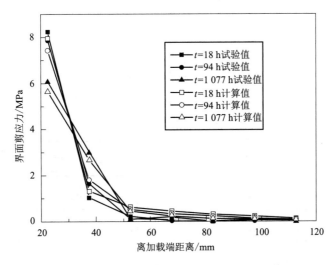

图 4-4　试件 D-3 a 面界面剪应力计算值与试验值对比

通过界面剪应力的理论计算结果和试验结果吻合较好,可以说明本文提出的界面胶黏剂的黏弹性本构关系以及推导的界面剪应力计算公式均是正确的。进行 CFRP-钢拉伸试件设计时,式(4-20)计算的界面剪应力应小于胶黏剂的钢-钢拉伸抗剪强度 f_v。

4.2 CFRP-钢界面剥离全过程分析

参考 Yuan 等对 CFRP-混凝土单剪试件剥离破坏全过程的断裂力学分析,基于3.5 节得到的考虑蠕变损伤折减的 CFRP-钢界面双线性黏结-滑移本构模型式(3-50),对 CFRP-钢拉伸试件的剥离破坏全过程进行研究。整个剥离破坏过程包括剥离前的弹性阶段、界面开始软化的弹性-软化阶段、界面开始剥离的弹性-软化-剥离阶段及即将破坏的软化-剥离阶段。推导了 CFRP-钢拉伸试件剥离过程中界面滑移量、界面剪应力和 CFRP 轴向应力的计算公式,给出了各个阶段荷载-位移关系表达式,为有效预测 CFRP-钢界面剥离过程中荷载传递和结构响应提供了工具。

4.2.1 控制微分方程的推导

对于本书的 CFRP-钢拉伸试件,由于结构具有对称性,取 1/4 结构进行分析,如图 4-5 所示。图 4-5 中,t_a、t_c、t_{st} 分别为胶层、CFRP 和钢板的厚度,b_c、b_{st} 分别为 CFRP 和钢板的宽度,E_c、E_{st} 分别为 CFRP 和钢板的弹性模量,胶层与 CFRP 宽度相同,L 为黏结长度,荷载 P 为整个拉伸试件所受拉力的一半。

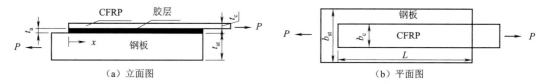

（a）立面图　　　　　　　　　　　（b）平面图

图 4-5　CFRP-钢拉伸试件 1/4 结构受力

为简化计算分析,采用如下基本假定:

(1)CFRP 和钢材均为线弹性材料。

(2)胶层厚度为零且只产生拉伸变形,即只受到剪力作用。

(3)整个构件不产生弯曲变形,即不考虑弯矩作用。

(4)CFRP 和钢板的整个横截面上只作用轴向荷载以及产生轴向变形。

(5)整个构件上 CFRP 和钢板的厚度和宽度为定值。

该结构的微元体受力简图如图 4-6 所示。

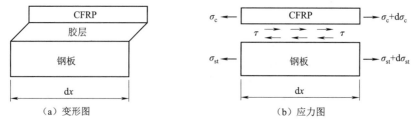

（a）变形图　　　　　　　　　　　（b）应力图

图 4-6　微元体受力

微元体平衡方程为

$$\frac{\mathrm{d}\sigma_c}{\mathrm{d}x} - \frac{\tau}{t_c} = 0 \tag{4-23}$$

$$\sigma_c t_c b_c + \sigma_{st} t_{st} b_{st} = 0 \tag{4-24}$$

式中　τ——胶层剪应力；

　　σ_c——CFRP 的轴向应力；

　　σ_{st}——钢板的轴向应力。

CFRP 和钢板的本构关系表达式为

$$\tau = f(s) \tag{4-25}$$

$$\sigma_c = E_c \frac{\mathrm{d}u_c}{\mathrm{d}x} \tag{4-26}$$

$$\sigma_{st} = E_{st} \frac{\mathrm{d}u_{st}}{\mathrm{d}x} \tag{4-27}$$

式中　u_c——CFRP 的轴向变形；

　　u_{st}——钢板的轴向变形。

滑移量 s 定义为 CFRP 与钢板之间的相对位移，即

$$s = u_c - u_{st} \tag{4-28}$$

将式(4-24)~式(4-28)代入式(4-23)中，并且考虑蠕变损伤的影响引入局部黏结强度 $\beta\tau_{max}$ 和界面断裂能 G_f' 两个参数，可得到

$$\frac{\mathrm{d}^2 s}{\mathrm{d}x^2} - \frac{2G_f'}{\beta^2 \tau_{max}^2} \lambda^2 f(s) = 0 \tag{4-29}$$

$$\sigma_c = \frac{\beta^2 \tau_{max}^2}{2G_f' t_c \lambda^2} \cdot \frac{\mathrm{d}s}{\mathrm{d}x} \tag{4-30}$$

界面断裂能 G_f' 为黏结-滑移曲线所包围的面积，在图 3-41 中三角形面积即为 G_f'，则 $G_f' = \beta\tau_{max} \cdot \gamma s_f/2$，而 λ^2 为

$$\lambda^2 = \frac{\beta^2 \tau_{max}^2}{2G_f'} \left(\frac{1}{E_c t_c} + \frac{b_c}{E_{st} t_{st} b_{st}} \right) \tag{4-31}$$

式(4-29)即为控制微分方程，当黏结-滑移本构模型中 $f(s)$ 的表达式确定后，就可以获得界面滑移量、界面剪应力以及 CFRP 的轴向应力的解。

4.2.2　界面剥离全过程分析

当 CFRP 黏结长度足够长（黏结长度是有效黏结长度的 2 倍）时，CFRP-钢界面剥离破坏过程包含四个阶段，分别是弹性阶段、弹性-软化阶段、弹性-软化-剥离阶段、软化-剥离阶段。

界面剥离破坏过程中各个阶段的界面剪应力分布与剥离扩展情况，如图 4-7 所示。

1. 弹性阶段

当拉伸试件上作用的 P 很小时，沿着 CFRP-钢黏结界面上没有界面软化或者界面剥离的情况发生，整个界面处于弹性应力状态（状态Ⅰ），如图 4-7(a)所示。此时，加载端 $x = L$ 处的界面剪应力小于 $\beta\tau_{max}$，而界面滑移量小于 ηs_0。将式(3-50)中 $s \leqslant \eta s_0$ 对应的 $f(s)$ 的表达式代

入方程(4-29)中,可得

$$\frac{\mathrm{d}^2 s}{\mathrm{d}x^2} - \frac{2G'_{\mathrm{f}}}{\beta^2 \tau_{\max}^2} \lambda^2 \frac{\beta \tau_{\max} s}{\eta s_0} = 0 \qquad (4\text{-}32)$$

式中,令

$$\lambda_1^2 = \frac{2G'_{\mathrm{f}}}{\beta \tau_{\max} \eta s_0} \lambda^2 \qquad (4\text{-}33)$$

则式(4-32)变为

$$\frac{\mathrm{d}^2 s}{\mathrm{d}x^2} - \lambda_1^2 s = 0 \qquad (4\text{-}34)$$

引入边界条件,(1)在 $x = 0$ 处,$\sigma_{\mathrm{c}} = 0$;(2) $x = L$ 处,$\sigma_{\mathrm{c}} = P/b_{\mathrm{c}}t_{\mathrm{c}}$。

界面滑移量 s 为

$$s = \frac{\eta s_0 P \lambda_1}{b_{\mathrm{c}} \beta \tau_{\max}} \frac{\cosh(\lambda_1 x)}{\sinh(\lambda_1 L)} \qquad (4\text{-}35)$$

界面剪应力 τ 为

$$\tau = \frac{P \lambda_1}{b_{\mathrm{c}}} \frac{\cosh(\lambda_1 x)}{\sinh(\lambda_1 L)} \qquad (4\text{-}36)$$

CFRP 的轴向应力 σ_{c} 为

$$\sigma_{\mathrm{c}} = \frac{\lambda_1}{b_{\mathrm{c}} t_{\mathrm{c}}} \frac{\cosh(\lambda_1 x)}{\sinh(\lambda_1 L)} \qquad (4\text{-}37)$$

定义试件的位移 Δ 为 CFRP 端部的滑移量,也就是 $x = L$ 处 s 的值。对式(4-35)作相应变换,得到荷载-位移关系为

$$P = \frac{\beta \tau_{\max} b_{\mathrm{c}}}{\lambda_1} \frac{\Delta}{\eta s_0} \tanh(\lambda_1 L) \qquad (4\text{-}38)$$

2. 正常使用极限状态

正常使用极限状态定义为结构或其构件达到正常使用的某项规定限值或耐久性能的某种规定状态。在这个状态下,整个结构或构件都处于弹性应力状态。弹性阶段结束的标志为加载端界面剪应力增大到 $\beta \tau_{\max}$,此时界面滑移量为 ηs_0,如图4-7(b)所示。在式(4-38)中令 $\Delta = \eta s_0$,有

$$P_{\mathrm{e}} = \frac{\beta \tau_{\max} b_{\mathrm{c}}}{\lambda_1} \tanh(\lambda_1 L) \qquad (4\text{-}39)$$

式中,P_{e} 为弹性阶段终结,界面即将出现软化时的荷载。

3. 弹性-软化阶段

一旦 $x = L$ 处的界面剪应力增大到 $\beta \tau_{\max}$,此时界面滑移量为 ηs_0,加载端达到了界面软化的条件。此时,只有部分 CFRP-钢界面处于软化状态(状态 II),其余界面处于弹性状态,如图4-7(c)所示。在一定黏结长度范围内,荷载 P 随着软化区 a 的增长而增大,软化阶段结束时达到极限荷载 P_{u}。将式(3-50)代入式(4-29)中,可得

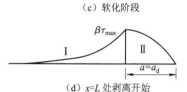

(a) 弹性阶段

(b) $x = L$ 处软化开始

(c) 软化阶段

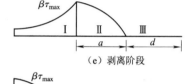

(d) $x = L$ 处剥离开始

(e) 剥离阶段

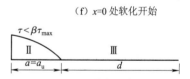

(f) $x = 0$ 处软化开始

(g) 软化-剥离阶段

图 4-7　界面剪应力分布与界面剥离发展

$$\frac{\mathrm{d}^2 s}{\mathrm{d}x^2} - \lambda_1^2 s = 0, \quad 0 \leqslant s \leqslant \eta s_0 \tag{4-40}$$

$$\frac{\mathrm{d}^2 s}{\mathrm{d}x^2} - \lambda_2^2 s = \lambda_2^2 \gamma s_f, \quad \eta s_0 < s \leqslant \gamma s_f \tag{4-41}$$

其中

$$\lambda_2^2 = \lambda^2 \frac{2G_f'}{(\gamma s_f - \eta s_0)\beta\tau_{\max}} = \frac{\beta\tau_{\max}}{\gamma s_f - \eta s_0}\left(\frac{1}{E_c t_c} + \frac{b_c}{E_{st} t_{st} b_{st}}\right) \tag{4-42}$$

为求解方程(4-40)和方程(4-41),引入的边界条件和连续条件为:(1)在 $x=0$ 处, $\sigma_c=0$;(2)在 $x=L-a$ 处, σ_c 连续;(3)在 $x=L-a$ 处, $\tau=\beta\tau_{\max}$;(4)在 $x=L$ 处, $\sigma_c=P/b_c t_c$。根据以上边界条件,可求得界面弹性区域 I 内($0 \leqslant s \leqslant \eta s_0$ 或 $0 \leqslant x \leqslant L-a$)方程(4-40)的解为

$$s = \eta s_0 \frac{\cosh(\lambda_1 x)}{\cosh[\lambda_1(L-a)]} \tag{4-43}$$

$$\tau = \beta\tau_{\max} \frac{\cosh(\lambda_1 x)}{\cosh[\lambda_1(L-a)]} \tag{4-44}$$

$$\sigma_c = \frac{\beta\tau_{\max}}{t_c \lambda_1} \cdot \frac{\sinh(\lambda_1 x)}{\cosh[\lambda_1(L-a)]} \tag{4-45}$$

界面软化区域 II 内($\eta s_0 \leqslant s \leqslant \gamma s_f$ 或 $L-a \leqslant x \leqslant L$)方程(4-41)的解为

$$s = (\gamma s_f - \eta s_0)\left\{\frac{\lambda_2}{\lambda_1}\tanh[\lambda_1(L-a)]\sin[\lambda_2(x-L+a)] - \cos[\lambda_2(x-L+a)]\right\} + \gamma s_f \tag{4-46}$$

$$\tau = -\beta\tau_{\max}\left\{\frac{\lambda_2}{\lambda_1}\tanh[\lambda_1(L-a)]\sin[\lambda_2(x-L+a)] - \cos[\lambda_2(x-L+a)]\right\} \tag{4-47}$$

$$\sigma_c = \frac{\beta\tau_{\max}}{\lambda_2 t_c}\left\{\frac{\lambda_2}{\lambda_1}\tanh[\lambda_1(L-a)]\cos[\lambda_2(x-L+a)] + \sin[\lambda_2(x-L+a)]\right\} \tag{4-48}$$

将边界条件(4)代入式(4-48),解得荷载 P 的表达式为

$$P = \frac{b_c \beta\tau_{\max}}{\lambda_2}\left\{\frac{\lambda_2}{\lambda_1}\tanh[\lambda_1(L-a)]\cos(\lambda_2 a) + \sin(\lambda_2 a)\right\} \tag{4-49}$$

由式(4-46)可得 $x=L$ 处加载端的滑移量为

$$s = (\gamma s_f - \eta s_0)\left\{\frac{\lambda_2}{\lambda_1}\tanh[\lambda_1(L-a)]\sin(\lambda_2 a) - \cos(\lambda_2 a)\right\} + \gamma s_f \tag{4-50}$$

4. 承载能力极限状态

承载能力极限状态的定义为结构或其构件达到最大承载能力、发生不适于继续承载的变形或变位的状态。从图 4-7(c)可见,当弹性-软化阶段达到最后状态时,界面开始出现剥离,此时的荷载即为极限荷载。初始剥离开始时,界面滑移量达到最大值,即在 $x=L$ 处有 $\Delta=\gamma s_f$,将其代入式(4-50),整理得

$$\tanh[\lambda_1(L-a)] = \frac{\lambda_2}{\lambda_1}\tanh(\lambda_2 a) \tag{4-51}$$

将式(4-51)代入式(4-49)得极限荷载为

$$P_{\mathrm{u}} = \frac{\beta\tau_{\max}b_{\mathrm{c}}}{\lambda_2} \cdot \frac{\gamma s_{\mathrm{f}}}{\gamma s_{\mathrm{f}} - \eta s_0}\sin(\lambda_2 a) \tag{4-52}$$

式中,a 可由式(4-51)求出,当黏结长度足够大时,在 $x = L$ 处剪应力为 0,荷载 P 有极大值,为

$$P_{\mathrm{u}} = \frac{\beta\tau_{\max}b_{\mathrm{c}}}{\lambda} \tag{4-53}$$

5. 弹性-软化-剥离阶段

初始剥离发生时,有 $\Delta = \gamma s_{\mathrm{f}}$,结合式(4-50),可求软化阶段的极限长度 a_{d} 为

$$\frac{\lambda_2}{\lambda_1}\tanh\big[\lambda_1(L - a_{\mathrm{d}})\big]\sin(\lambda_2 a_{\mathrm{d}}) - \cos(\lambda_2 a_{\mathrm{d}}) = 0 \tag{4-54}$$

当黏结长度足够大时,式(4-54)可简化为

$$a_{\mathrm{d}} = \frac{1}{\lambda_2}\arctan\left(\frac{\lambda_1}{\lambda_2}\right) \tag{4-55}$$

剥离开始时,界面剪应力的分布状态如图 4-7(d)所示。当 $\Delta > \gamma s_{\mathrm{f}}$ 时,界面出现开裂后,随着荷载的增加开裂长度不断增加。此时,整个 CFRP-钢界面上存在弹性状态、软化状态以及剥离状态的共存情况,界面的剪应力峰值 $\beta\tau_{\max}$ 向自由端移动,假设加载端剥离区的长度为 d,将 L 替换成 $L - d$,式(4-43)~式(4-48)依然适用。

荷载 P 的表达式为

$$P = \frac{b_{\mathrm{c}}\beta\tau_{\max}}{\lambda_2}\left\{\frac{\lambda_2}{\lambda_1}\tanh\big[\lambda_1(L - d - a)\big]\cos(\lambda_2 a) + \sin(\lambda_2 a)\right\} \tag{4-56}$$

加载端滑移量的表达式为

$$s = (\gamma s_{\mathrm{f}} - \eta s_0)\left\{\frac{\lambda_2}{\lambda_1}\tanh\big[\lambda_1(L - d - a)\big]\sin(\lambda_2 a) - \cos(\lambda_2 a)\right\} + \gamma s_{\mathrm{f}} \tag{4-57}$$

在 $x = L - d$ 处,界面剪应力为 0,由式(4-26)可得关系式

$$\frac{\lambda_2}{\lambda_1}\tanh\big[\lambda_1(L - d - a)\big]\sin(\lambda_2 a) - \cos(\lambda_2 a) = 0 \tag{4-58}$$

将式(4-58)代入式(4-56)中,整理得

$$P = \frac{b_{\mathrm{c}}\beta\tau_{\max}}{\lambda_2\sin(\lambda_2 a)} \tag{4-59}$$

如图 4-7(f)所示,当软化-剥离阶段开始时,有 $L - d = a_{\mathrm{u}}$,代入式(4-58)中,得

$$a_{\mathrm{u}} = \pi/2\lambda_2 \tag{4-60}$$

从而,将式(4-60)代入式(4-59),可得软化-剥离阶段开始时荷载 P 为

$$P = \frac{b_{\mathrm{c}}\beta\tau_{\max}}{\lambda_2} \tag{4-61}$$

6. 软化-剥离阶段

在自由端 $x = 0$ 处,当界面滑移量达到 γs_{f} 时,整个 CFRP-钢界面为软化-剥离阶段,如图 4-7(g)所示,此阶段的控制方程为式(4-41)。引入边界条件:(1)在 $x = 0$ 处,$\sigma_{\mathrm{c}} = 0$;(2)在 $x = a$ 处,$s = \gamma s_{\mathrm{f}}$;(3)在 $x = a$ 处,$\sigma_{\mathrm{c}} = P/b_{\mathrm{c}}t_{\mathrm{c}}$。基于以上边界条件,可求得式(4-41)的解为

$$s = \gamma s_{\mathrm{f}} - \frac{P\gamma s_{\mathrm{f}}\lambda^2}{b_1\beta\tau_{\max}\lambda_2}\cos(\lambda_2 x), \quad 0 \leqslant x \leqslant a_{\mathrm{u}} \tag{4-62}$$

同理还可得到式(4-60),说明软化区长度在整个软化-剥离阶段始终保持不变。荷载-位移关系为

$$\Delta = \gamma s_{\mathrm{f}} + \frac{P\eta s_0 \lambda_1}{\beta \tau_{\max}}(L - a_{\mathrm{u}}) \tag{4-63}$$

4.2.3 与试验结果对比分析

利用 4.2.2 节得到的 CFRP-钢拉伸试件剥离破坏全过程的界面剪应力分布、CFRP 轴向应力分布以及荷载-位移关系的表达式,以及 3.5 节提出的考虑蠕变损伤折减的黏结-滑移本构模型,即可实现对 CFRP-钢界面剥离全过程分析。

进行预测计算时,考虑了以下两种情况:(1)不考虑胶层蠕变损伤对黏结界面的影响,即在黏结-滑移本构模型式(3-50)中将 β、η 和 γ 都取 1;(2)考虑胶层蠕变损伤对界面黏结性能的折减,取蠕变持载水平 $\kappa = 72.9\%$,加载时间 $t = 90$ d,利用式(3-60)、式(3-61)和式(3-62)计算折减系数 β、η 和 γ,再将折减系数代入式(3-50)。以试件 E-6 为例,其他试件剥离过程分析可以采用相同的计算方法。

1. 荷载-位移曲线

试件 E-6 的荷载-位移曲线预测结果和试验结果,如图 4-8 所示。从图 4-8 中可以看出,本书荷载-位移关系的表达式能够很好地预测试件的荷载位移曲线,预测曲线包含了试验曲线得不到的界面软化-剥离阶段的荷载-位移关系。考虑胶层蠕变损伤对界面黏结性能的折减后,荷载-位移曲线的初始斜率要小于不考虑胶层蠕变损伤的情况,这与表 3-4 的试验数据吻合,即界面损伤后,其界面刚度会减小。

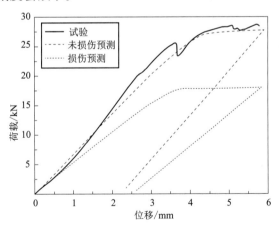

图4-8 试件 E-6 荷载-位移预测曲线与试验曲线对比

2. 界面剪应力分布

试件 E-6 b 面界面剪应力分布的预测结果与试验结果对比,如图 4-9 所示。从图 4-9 中可以看出,在距离加载端 22.5 mm 处,荷载为 60% P_{u} 时,考虑胶层蠕变损伤对界面黏结性能的折减后界面剪应力 τ 预测值和试验值较为接近,而未考虑胶层蠕变损伤时 τ 的预测值要大于试验值。这是因为试件 E-6 加载端因胶层蠕变导致了界面的损伤。荷载为 85% P_{u} 时,剥离已经向自由端扩展,除 22.5 mm 处以外的其他各点的界面剪应力未考虑胶层蠕变损伤的预测值

和试验值较为接近,而考虑胶层蠕变损伤的预测值较小。以上分析表明:计算加载端附近界面剪应力时,应考虑胶层蠕变损伤对界面黏结性能的折减作用,即计算折减系数 β、η 和 γ,再利用式(3-50)计算加载端界面剪应力;计算加载端附近以外各点的界面应力时,可以不考虑胶层的蠕变损伤,在式(3-50)中取折减系数 β、η 和 γ 都为1。

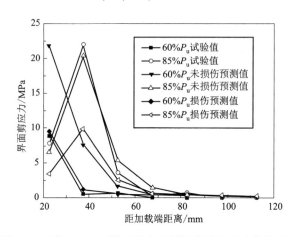

图 4-9　试件 E-6 b 面界面剪应力预测曲线与试验曲线对比

3. 界面极限承载力

CFRP-钢界面的极限承载力可应用式(4-53)进行计算。将式(4-31)代入式(4-53)得

$$P_{\mathrm{u}} = \frac{\beta\tau_{\max}b_{\mathrm{c}}}{\sqrt{\dfrac{\beta^2\tau_{\max}^2}{2G_{\mathrm{f}}'}\left(\dfrac{1}{E_{\mathrm{c}}t_{\mathrm{c}}} + \dfrac{b_{\mathrm{c}}}{E_{\mathrm{st}}t_{\mathrm{st}}b_{\mathrm{st}}}\right)}} \tag{4-64}$$

当钢板的轴向刚度远大于 CFRP 的刚度时,即 $E_{\mathrm{c}}t_{\mathrm{c}}b_{\mathrm{c}}/E_{\mathrm{st}}t_{\mathrm{st}}b_{\mathrm{st}}=0$,式(4-64)可以简化为

$$P_{\mathrm{u}} = b_{\mathrm{c}}\sqrt{2G_{\mathrm{f}}'E_{\mathrm{c}}t_{\mathrm{c}}} \tag{4-65}$$

利用式(4-65)即可计算 CFRP-钢拉伸试件黏结界面的极限承载力。将计算结果和试验结果对比,如图 4-10 所示,两者符合较好,相关系数 $R^2 = 0.868$。

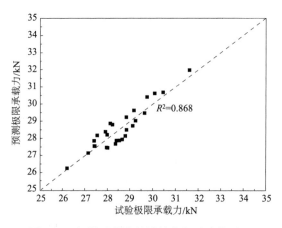

图 4-10　极限承载力的计算值与试验值对比

小　结

本章基于第 3 章本构模型研究,并通过与第 2 章试验结果对比验证理论分析的正确性。主要包括以下内容:

(1)在黏弹性力学分析的基础上,基于胶黏剂黏弹性本构关系推导了纯拉伸状态下 CFRP-钢拉伸试件界面剪应力在拉普拉斯像空间下的解析解。采用拉普拉斯逆变换的数值反演方法对解析解进行求解。将计算结果与试验结果进行对比,二者吻合较好。

(2)应用断裂力学方法进行了 CFRP-钢拉伸试件剥离破坏全过程分析,推导了界面滑移量、界面剪应力和 CFRP 轴向应力的计算公式,给出了荷载-位移关系的表达式,为预测 CFRP-钢界面的剪应力传播过程和剥离破坏过程提供了手段。界面的整个剥离破坏过程包括剥离前的弹性阶段、界面开始软化的弹性-软化阶段、界面开始剥离的弹性-软化-剥离阶段及即将破坏的软化-剥离阶段。将荷载-位移曲线、界面剪应力分布以及界面极限承载力的理论计算结果和试验结果进行对比,二者吻合较好。

第5章　CFRP加固受弯钢梁时变力学行为研究

钢梁是钢结构工程中应用非常广泛的一类基本构件,其截面形式有实腹式和空腹式两大类。由于使用功能的改变,遭受灾害损坏以及耐久性不足等原因,需要对钢梁进行加固设计。在钢梁受拉翼缘粘贴CFRP是有效的钢梁加固手段。CFRP-钢界面在端部存在较大的剪应力和剥离应力,导致界面应力分布较复杂。由于胶黏剂具有时变特性,在外荷载作用下,CFRP-钢界面会发生应力重分布。胶层的黏弹性增加了界面应力分析的难度,其对界面力学行为的影响值得深入研究。

本章首先对CFRP加固受弯钢梁进行弹性分析,推导界面剪应力和剥离应力的计算公式,并进行参数敏感性分析;其次基于第3章建立的修正的Burgers模型,借助黏弹性力学手段和拉普拉斯变换的数学方法,分析对CFRP加固受弯钢梁的时变力学行为,包括界面应力、CFRP轴力、钢梁弯矩以及加固梁挠度。

5.1　CFRP加固受弯钢梁弹性分析

5.1.1　基本方程

典型的CFRP加固受弯钢梁如图5-1所示。图5-2为从加固梁中取得一长度为dx的梁微元。图5-2中,N、V和M分别代表的轴力、剪力和弯矩,$\sigma(x)$和$\tau(x)$分别代表界面剥离应力和剪应力。界面应力推导过程中,E、I和G分别代表弹性模量、惯性矩和拉伸模量,u、w和Φ分别代表轴向变形、竖向挠度和截面转角,A代表横截面面积,α横截面剪力系数,下标符号s、c、a分别指钢梁、CFRP和胶黏剂层。假定钢梁、胶黏剂和CFRP均为线弹性材料,界面剪应力和界面剥离应力沿胶层厚度为常数,胶层黏结可靠无滑移,同一截面处的钢梁和CFRP具有相同的曲率。

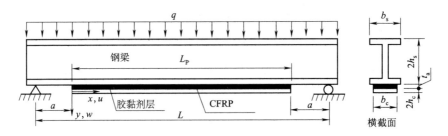

图5-1　典型的CFRP加固受弯钢梁

(1)对于梁段微元中的钢梁部分,根据力平衡条件有

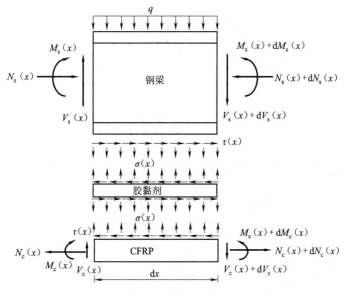

图 5-2　微段应力

$$\begin{cases} \dfrac{\mathrm{d}N_s(x)}{\mathrm{d}x} = \tau(x)b_c \\[2mm] \dfrac{\mathrm{d}V_s(x)}{\mathrm{d}x} = -\sigma(x)b_c - q(x) \\[2mm] \dfrac{\mathrm{d}M_s(x)}{\mathrm{d}x} = V_s(x) - \tau(x)b_c h_s \end{cases} \tag{5-1}$$

式中　h_s——钢梁的形心轴至钢梁底部的长度；

　　　b_c——CFRP 的宽度。

引入物理方程

$$\begin{cases} \dfrac{\mathrm{d}u_s(x)}{\mathrm{d}x} = \dfrac{N_s(x)}{E_s A_s} \\[2mm] \dfrac{\mathrm{d}w_s(x)}{\mathrm{d}x} + \phi_s(x) = \dfrac{V_s(x)}{\alpha_s G_s A_s} \\[2mm] \dfrac{\mathrm{d}\phi_s(x)}{\mathrm{d}x} = -\dfrac{M_s(x)}{E_s I_s} \end{cases} \tag{5-2}$$

（2）对于梁段微元中的 CFRP 部分，根据力平衡条件有

$$\begin{cases} \dfrac{\mathrm{d}N_c(x)}{\mathrm{d}x} = \tau(x)b_c \\[2mm] \dfrac{\mathrm{d}V_c(x)}{\mathrm{d}x} = \sigma(x)b_c \\[2mm] \dfrac{\mathrm{d}M_c(x)}{\mathrm{d}x} = V_c(x) - \tau(x)b_c h_c \end{cases} \tag{5-3}$$

式中　h_c——CFRP 形心轴至 CFRP 顶部的长度。

引入物理方程

$$\begin{cases} \dfrac{\mathrm{d}u_c(x)}{\mathrm{d}x} = \dfrac{N_c(x)}{E_c A_c} \\[3mm] \dfrac{\mathrm{d}w_c(x)}{\mathrm{d}x} + \phi_c(x) = \dfrac{V_c(x)}{\alpha_c G_c A_c} \\[3mm] \dfrac{\mathrm{d}\phi_c(x)}{\mathrm{d}x} = -\dfrac{M_c(x)}{E_c I_c} \end{cases} \tag{5-4}$$

5.1.2 界面剪应力的控制微分方程

对梁段微元中的胶层部分进行受力分析,胶层的剪应变为

$$\gamma_a = \frac{\mathrm{d}u_a(x,y)}{\mathrm{d}y} + \frac{\mathrm{d}w_a(x,y)}{\mathrm{d}x} \tag{5-5}$$

式中　$u_a(x,y)$——胶层内任意点的水平位移;

$w_a(x,y)$——胶层内任意点的竖向挠度。

胶层的剪应力为

$$\tau(x) = G_a\left[\frac{\mathrm{d}u_a(x,y)}{\mathrm{d}y} + \frac{\mathrm{d}w_a(x,y)}{\mathrm{d}x}\right] \tag{5-6}$$

式中　G_a——胶层的拉伸模量。

对式(5-6)两边对 x 求导,得

$$\frac{\mathrm{d}\tau(x)}{\mathrm{d}x} = G_a\left[\frac{\mathrm{d}^2 u_a(x,y)}{\mathrm{d}x\mathrm{d}y} + \frac{\mathrm{d}^2 w_a(x,y)}{\mathrm{d}x^2}\right] \tag{5-7}$$

梁段微元各部分的曲率为

$$\frac{\mathrm{d}^2 w_a(x)}{\mathrm{d}x^2} = -\frac{M_T(x)}{(EI)_t} \tag{5-8}$$

式中　$M_T(x)$——加固梁的弯矩;

$(EI)_t$——加固梁的抗弯刚度。

由于假定胶层剪应力沿厚度不变,胶层的应变是线性变化的

$$\frac{\mathrm{d}u_a(x,y)}{\mathrm{d}y} = \frac{1}{t_a}\left[u_b(x) - u_t(x)\right] \tag{5-9}$$

式中　$u_b(x)$——CFRP 顶面的水平位移;

$u_t(x)$——钢梁底面的水平位移;

t_a——胶层厚度。

对式(5-9)两边对 x 求导,得

$$\frac{\mathrm{d}^2 u_a(x,y)}{\mathrm{d}x\mathrm{d}y} = \frac{1}{t_a}\left[\frac{\mathrm{d}u_b(x)}{\mathrm{d}x} - \frac{\mathrm{d}u_t(x)}{\mathrm{d}x}\right] \tag{5-10}$$

将式(5-10)和式(5-8)代入式(5-7),得

$$\frac{\mathrm{d}\tau(x)}{\mathrm{d}x} = \frac{G_a}{t_a}\left[\frac{\mathrm{d}u_b(x)}{\mathrm{d}x} - \frac{\mathrm{d}u_t(x)}{\mathrm{d}x} - \frac{M_T(x)}{(EI)_t}\right] \tag{5-11}$$

计算加固梁的刚度 $(EI)_t$ 时,应该考虑界面应力的影响,但处理起来非常困难。式(5-12)中的最后一项影响非常小,在下面的推导中忽略不计。

CFRP 顶面的水平位移 $u_b(x)$ 为

$$u_b(x) = h_c \phi_c(x) + u_c(x) + \frac{h_c V_c(x)}{\alpha_c G_c A_c} \tag{5-12}$$

将式(5-3)和式(5-4)相关方程代入式(5-12),并考虑温差作用得

$$\varepsilon_b(x) = \frac{\mathrm{d}u_b(x)}{\mathrm{d}x} = \alpha_c \Delta T - h_c \frac{M_c(x)}{E_c I_c} + \frac{N_c(x)}{E_c A_c} + \frac{b_c h_c}{\alpha_c G_c A_c} \sigma(x) \tag{5-13}$$

式中　α_c——CFRP 的线膨胀系数;

　　ΔT——系统温度变化。

钢梁底面的水平位移 $u_t(x)$ 为

$$u_t(x) = -h_s \phi_s(x) - u_s(x) - \frac{h_s V_s(x)}{\alpha_s G_s A_s} \tag{5-14}$$

将式(5-1)和式(5-2)相关方程代入式(5-14),得

$$\varepsilon_t(x) = \frac{\mathrm{d}u_t(x)}{\mathrm{d}x} = \alpha_s \Delta T + h_s \frac{M_s(x)}{E_s I_s} - \frac{N_s(x)}{E_s A_s} + \frac{h_s}{\alpha_s G_s A_s} [b_c \sigma(x) + q(x)] \tag{5-15}$$

式中　α_s——钢的线膨胀系数;

　　ΔT——系统温度变化。

将式(5-13)和式(5-15)代入式(5-11)得

$$\frac{\mathrm{d}\tau(x)}{\mathrm{d}x} = \frac{G_a}{t_a} \left\{ (\alpha_c - \alpha_s)\Delta T + \frac{N_c(x)}{E_c A_c} - h_c \frac{M_c(x)}{E_c I_c} + \frac{b_c h_c \sigma(x)}{\alpha_c G_c A_c} + \right.$$
$$\left. \frac{N_s(x)}{E_s A_s} - h_s \frac{M_s(x)}{E_s I_s} - \frac{h_s}{\alpha_s G_s A_s} [b_c \sigma(x) + q(x)] \right\} \tag{5-16}$$

对梁微元根据力平衡条件得

$$N_s(x) = N_c(x) = N(x) = b_c \int_0^x \tau(x) \mathrm{d}x \tag{5-17}$$

对整个复合构件,假定 CFRP 与钢梁的曲率相等,有

$$\frac{M_s(x)}{E_s I_s} = \frac{M_c(x)}{E_c I_c} \tag{5-18}$$

对于整个复合构件,由其平衡条件可得

$$M_T(x) = M_s(x) + M_c(x) + N(x)(h_s + t_a + h_c) \tag{5-19}$$

联立式(5-18)和式(5-19)可得 $M_s(x)$ 和 $M_c(x)$ 分别为

$$M_s(x) = \frac{E_s I_s}{E_c I_c + E_s I_s} \left[M_T(x) - b_c \int_0^x \tau(x)(h_s + t_a + h_c) \mathrm{d}x \right] \tag{5-20}$$

$$M_c(x) = \frac{E_c I_c}{E_c I_c + E_s I_s} \left[M_T(x) - b_c \int_0^x \tau(x)(h_s + t_a + h_c) \mathrm{d}x \right] \tag{5-21}$$

将式(5-20)和式(5-21)两边微分一次得

$$V_s(x) = \frac{\mathrm{d}M_s(x)}{\mathrm{d}x} = \frac{E_s I_s}{E_c I_c + E_s I_s} [V_T(x) - b_c \tau(x)(h_s + t_a + h_c)] \tag{5-22}$$

$$V_c(x) = \frac{\mathrm{d}M_c(x)}{\mathrm{d}x} = \frac{E_c I_c}{E_c I_c + E_s I_s} [V_T(x) - b_c \tau(x)(h_s + t_a + h_c)] \qquad (5\text{-}23)$$

式中 $V_T(x)$——加固梁的剪力。

将式(5-16)微分一次,并将式(5-22)和式(5-23)代入,整理得

$$\frac{\mathrm{d}^2 \tau(x)}{\mathrm{d}x^2} - \lambda^2 \tau(x) + \frac{G_a(h_s + h_c)}{t_a(E_c I_c + E_s I_s)} V_T(x) +$$

$$\frac{G_a b_p}{t_a} \left(\frac{h_s}{\alpha_s G_s A_s} - \frac{h_c}{\alpha_c G_c A_c} \right) \frac{\mathrm{d}\sigma(x)}{\mathrm{d}x} + \frac{G_a h_s}{t_a \alpha_s G_s A_s} \frac{\mathrm{d}q(x)}{\mathrm{d}x} = 0 \qquad (5\text{-}24)$$

式中,$\lambda^2 = \frac{G_a b_c}{t_a} \left(\frac{(h_s + h_c)(h_s + h_c + t_a)}{E_c I_c + E_s I_s} + \frac{1}{E_c A_c} + \frac{1}{E_s A_s} \right)$。

式(5-24)即为界面剪应力的控制微分方程。式(5-24)中剪应力和剥离应力耦合在一起,使得求解非常困难,为了简化,忽略拉伸变形的影响,则式(5-24)变为

$$\frac{\mathrm{d}^2 \tau(x)}{\mathrm{d}x^2} - \lambda^2 \tau(x) + \frac{G_a(h_s + h_c)}{t_a(E_c I_c + E_s I_s)} V_T(x) = 0 \qquad (5\text{-}25)$$

对于集中力荷载或者均布荷载作用时,有 $\mathrm{d}^2 V_T(x)/\mathrm{d}x^2 = 0$,式(5-25)的解为

$$\tau(x) = C_1 \mathrm{ch}(\lambda x) + C_2 \mathrm{sh}(\lambda x) + m_1 V_T(x) \qquad (5\text{-}26)$$

式中的系数 C_1 和 C_2 由边界条件确定。

$$m_1 = \frac{G_a(h_s + h_c)}{\lambda^2 t_a(E_c I_c + E_s I_s)} \qquad (5\text{-}27)$$

5.1.3   界面剥离应力的控制微分方程

界面的剥离应力为

$$\sigma(x) = \frac{E_a}{t_a} [w_c(x) - w_s(x)] \qquad (5\text{-}28)$$

式中 $w_s(x)$——钢梁的挠度;

　　　　$w_c(x)$——CFRP 的挠度。

对梁微元中的钢梁部分,由式(5-1)和式(5-2)相关方程可得

$$\frac{\mathrm{d}^2 w_s(x)}{\mathrm{d}x^2} = -\frac{M_s(x)}{E_s I_s} - \frac{b_c \sigma(x) + q(x)}{\alpha_s G_s A_s} \qquad (5\text{-}29)$$

对梁微元中的 CFRP 部分,由式(5-3)和式(5-4)相关方程可得

$$\frac{\mathrm{d}^2 w_c(x)}{\mathrm{d}x^2} = -\frac{M_c(x)}{E_c I_c} + \frac{b_c \sigma(x)}{\alpha_c G_c A_c} \qquad (5\text{-}30)$$

对式(5-29)和式(5-30)分别微分二次得

$$\frac{\mathrm{d}^4 w_s(x)}{\mathrm{d}x^4} = -\frac{b_c}{\alpha_s G_s A_s} \frac{\mathrm{d}^2 \sigma(x)}{\mathrm{d}x^2} + \frac{b_c}{E_s I_s} \left[\sigma(x) + h_s \frac{\mathrm{d}\tau(x)}{\mathrm{d}x} \right] +$$

$$\frac{q(x)}{E_s I_s} - \frac{1}{\alpha_s G_s A_s} \frac{\mathrm{d}^2 q(x)}{\mathrm{d}x^2} \qquad (5\text{-}31)$$

$$\frac{\mathrm{d}^4 w_c(x)}{\mathrm{d}x^4} = \frac{b_c}{E_c I_c} \left[h_c \frac{\mathrm{d}\tau(x)}{\mathrm{d}x} - \sigma(x) \right] + \frac{b_c}{\alpha_c G_c A_c} \frac{\mathrm{d}^2 \sigma(x)}{\mathrm{d}x^2} \qquad (5\text{-}32)$$

对式(5-28)微分四次,并将式(5-31)和式(5-32)代入,整理得

$$\frac{\mathrm{d}^4\sigma(x)}{\mathrm{d}x^4} - \frac{E_a b_c}{t_a}\left(\frac{1}{\alpha_s G_s A_s} + \frac{1}{\alpha_c G_c A_c}\right)\frac{\mathrm{d}^2\sigma(x)}{\mathrm{d}x^2} + \frac{E_a b_c}{t_a}\left(\frac{1}{E_s I_s} + \frac{1}{E_c I_c}\right)\sigma(x) +$$

$$\frac{E_a b_c}{t_a}\left(\frac{h_s}{E_s I_s} - \frac{h_c}{E_c I_c}\right)\frac{\mathrm{d}\tau(x)}{\mathrm{d}x} + \frac{E_a q(x)}{t_a E_s I_s} - \frac{E_a}{t_a \alpha_s G_s A_s}\frac{\mathrm{d}^2 q(x)}{\mathrm{d}x^2} = 0 \tag{5-33}$$

式(5-33)即为界面剥离应力的控制微分方程。忽略拉伸变形的影响后,式(5-33)变为

$$\frac{\mathrm{d}^4\sigma(x)}{\mathrm{d}x^4} + \frac{E_a b_c}{t_a}\left(\frac{1}{E_s I_s} + \frac{1}{E_c I_c}\right)\sigma(x) + \frac{E_a b_c}{t_a}\left(\frac{h_s}{E_s I_s} - \frac{h_c}{E_c I_c}\right)\frac{\mathrm{d}\tau(x)}{\mathrm{d}x} + \frac{E_a q(x)}{t_a E_s I_s} = 0 \tag{5-34}$$

由不同荷载作用下的界面剪应力即可求得相应的界面剥离应力,式(5-34)的解为

$$\sigma(x) = \mathrm{e}^{-\beta x}\left[D_1\cos(\beta x) + D_2\sin(\beta x)\right] - n_1\frac{\mathrm{d}\tau(x)}{\mathrm{d}x} -$$

$$n_2 q(x) + \mathrm{e}^{\beta x}\left[D_3\cos(\beta x) + D_4\sin(\beta x)\right] \tag{5-35}$$

式中,$\beta = \sqrt[4]{\dfrac{E_a b_c}{4 t_a}\left(\dfrac{1}{E_s I_s} + \dfrac{1}{E_c I_c}\right)}$; $n_1 = \dfrac{h_s E_c I_c - h_c E_s I_s}{E_s I_s + E_c I_c}$; $n_2 = \dfrac{E_c I_c}{b_c(E_s I_s + E_c I_c)}$。

当 x 的值较大时,也就是越靠近跨中附近,剥离应力趋近于 0,所以 $D_3 = D_4 = 0$,式(5-35)简化为

$$\sigma(x) = \mathrm{e}^{-\beta x}\left[D_1\cos(\beta x) + D_2\sin(\beta x)\right] - n_1\frac{\mathrm{d}\tau(x)}{\mathrm{d}x} - n_2 q(x) \tag{5-36}$$

式中的系数 D_1 和 D_2 可根据边界确定。

5.1.4　界面最大主应力

在 CFRP 端部,界面剪应力和界面剥离应力均有最大值。

将 $x = 0$ 代入方程(5-26)得 τ_{max} 为

$$\tau_{max} = \tau(0) = C_1 + m_1 V_T(0) \tag{5-37}$$

将 $x = 0$ 代入方程(5-36)得 σ_{max} 为

$$\sigma_{max} = \sigma(0) = D_1 - n_1\frac{\mathrm{d}\tau(x)}{\mathrm{d}x}\bigg|_{x=0} - n_2 q(0) \tag{5-38}$$

将方程(5-26)微分一次,并代入式(5-38)整理得 σ_{max} 为

$$\sigma_{max} = D_1 - n_1 \lambda C_2 - n_1 m_1\frac{\mathrm{d}V_T(x)}{\mathrm{d}x}\bigg|_{x=0} - n_2 q(0) \tag{5-39}$$

综上,只要求得 $x = 0$ 处加固梁的剪力 $V_T(x)$ 以及方程的系数 C_1、C_2、D_1,就可以计算界面的最大剪应力和最大剥离应力。界面的最大主应力为

$$\sigma_{1max} = \frac{\sigma_{max}}{2} + \sqrt{\left(\frac{\sigma_{max}}{2}\right)^2 + \tau_{max}^2} \tag{5-40}$$

5.1.5　微分方程的求解

在推导界面剪应力和剥离应力的控制微分方程后,可根据边界条件确定方程中相关系数,从而求得界面应力。下面考虑简支钢梁受三种荷载作用,分别是均布荷载作用、单个集中力作

用和两个对称集中力作用,如图 5-3 所示。

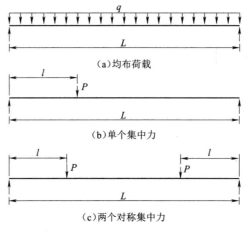

(a)均布荷载

(b)单个集中力

(c)两个对称集中力

图 5-3 荷载工况

1. 界面剪应力求解

(1)均布荷载作用下界面剪应力求解。

如图 5-3 所示,在均布荷载作用下,加固梁剪力为

$$V_{\mathrm{T}}(x) = \left(\frac{L}{2} - x - a\right)q \tag{5-41}$$

则式(5-26)的界面剪应力可写成

$$\tau(x) = C_1 \mathrm{ch}(\lambda x) + C_2 \mathrm{sh}(\lambda x) + m_1 q\left(\frac{L}{2} - x - a\right), \quad 0 \leqslant x \leqslant L_{\mathrm{p}} \tag{5-42}$$

当 $x = 0$ 时,有 $N_{\mathrm{s}}(0) = N_{\mathrm{c}}(0) = M_{\mathrm{c}}(0) = 0$,截面弯矩完全由钢梁承担,有

$$M_{\mathrm{s}}(0) = M_{\mathrm{T}}(0) = \frac{qa}{2}(L - a) \tag{5-43}$$

在式(5-16)中忽略拉伸变形的影响,有

$$\left.\frac{\mathrm{d}\tau(x)}{\mathrm{d}x}\right|_{x=0} = -\frac{G_{\mathrm{a}}h_{\mathrm{s}}}{t_{\mathrm{a}}E_{\mathrm{s}}I_{\mathrm{s}}}M_{\mathrm{T}}(0) + \frac{G_{\mathrm{a}}}{t_{\mathrm{a}}}(\alpha_{\mathrm{c}} - \alpha_{\mathrm{s}})\Delta T \tag{5-44}$$

将式(5-42)代入式(5-44)可得系数 C_2 为

$$C_2 = -\frac{aqG_{\mathrm{a}}h_{\mathrm{s}}}{2\lambda t_{\mathrm{a}}E_{\mathrm{s}}I_{\mathrm{s}}}(L - a) + \frac{G_{\mathrm{a}}}{\lambda t_{\mathrm{a}}}(\alpha_{\mathrm{c}} - \alpha_{\mathrm{s}})\Delta T + \frac{qm_1}{\lambda} \tag{5-45}$$

由于均布荷载的对称性,所以跨中位置黏结界面剪应力为零,即 $\tau(L_{\mathrm{p}}/2) = 0$。由式(5-42)可得

$$C_1 \mathrm{ch}\left(\frac{\lambda L_{\mathrm{p}}}{2}\right) + C_2 \mathrm{sh}\left(\frac{\lambda L_{\mathrm{p}}}{2}\right) = 0 \tag{5-46}$$

实际应用中 $\lambda L_{\mathrm{p}}/2 > 10$,有 $\tanh(\lambda L_{\mathrm{p}}/2) \approx 1$,则式(5-46)变为

$$C_1 = \frac{aqG_{\mathrm{a}}h_{\mathrm{s}}}{2\lambda t_{\mathrm{a}}E_{\mathrm{s}}I_{\mathrm{s}}}(L - a) - \frac{G_{\mathrm{a}}}{\lambda t_{\mathrm{a}}}(\alpha_{\mathrm{c}} - \alpha_{\mathrm{s}})\Delta T - \frac{qm_1}{\lambda} = -C_2 \tag{5-47}$$

将系数 C_1 和 C_2 代入式(5-42)可得到均布荷载作用下,界面剪应力为

$$\tau(x) = \left[\frac{aqG_ah_s}{2t_aE_sI_s}(L-a) - \frac{G_a}{t_a}(\alpha_c - \alpha_s)\Delta T - qm_1 \right]\frac{e^{-\lambda x}}{\lambda} + m_1q\left(\frac{L}{2} - x - a\right) \tag{5-48}$$

（2）单个集中力作用下界面剪应力求解。

如图 5-3 所示，在单个集中力作用下，按照两种情况考虑：（1）CFRP 端部到支座的距离小于集中力作用点到梁左端的距离，即 $a < l$；（2）CFRP 端部到支座的距离大于集中力作用点到梁左端的距离，即 $a > l$。求得单个集中力作用下加固梁的剪力代入式（5-26）中，即可得到界面剪应力的表达式。

①当 $a < l$ 时，界面应力的表达式为

$$\tau(x) = \begin{cases} C_3\mathrm{ch}(\lambda x) + C_4\mathrm{sh}(\lambda x) + m_1P(1 - l/L), & 0 \leqslant x < (l-a) \\ C_5\mathrm{ch}(\lambda x) + C_6\mathrm{sh}(\lambda x) - m_1Pl/L, & (l-a) \leqslant x \leqslant L_p \end{cases} \tag{5-49}$$

在 CFRP 端部，有 $M_c(0) = 0$，截面弯矩完全由钢梁承担，可得

$$\begin{cases} M_s(0) = M_T(0) = Pa(1 - l/L) \\ M_s(L_p) = M_T(L_p) = aPl/L \end{cases} \tag{5-50}$$

在集中力作用点处，由界面剪应力及其一阶导的连续性条件，可得

$$\begin{cases} \tau_1(x)\big|_{x=l-a} = \tau_2(x)\big|_{x=l-a} \\ \dfrac{\mathrm{d}\tau_1(x)}{\mathrm{d}x}\bigg|_{x=l-a} = \dfrac{\mathrm{d}\tau_2(x)}{\mathrm{d}x}\bigg|_{x=l-a} \end{cases} \tag{5-51}$$

根据上述边界条件式（5-50）和式（5-51），结合式（5-26），可计算系数为

$$\begin{cases} C_3 = \dfrac{G_ah_sPa}{\lambda t_aE_sI_s}\left(1 - \dfrac{l}{L}\right) - \dfrac{G_a}{\lambda t_a}(\alpha_c - \alpha_s)\Delta T - m_1Pe^{-\lambda(l-a)} \\[2mm] C_4 = \dfrac{G_a}{\lambda t_a}(\alpha_c - \alpha_s)\Delta T - \dfrac{G_ah_sPa}{\lambda t_aE_sI_s}\left(1 - \dfrac{l}{L}\right) \\[2mm] C_5 = \dfrac{G_ah_sPa}{\lambda t_aE_sI_s}\left(1 - \dfrac{l}{L}\right) - \dfrac{G_a}{\lambda t_a}(\alpha_c - \alpha_s)\Delta T + m_1P\mathrm{sh}[\lambda(l-a)] \\[2mm] C_6 = \dfrac{G_a}{\lambda t_a}(\alpha_c - \alpha_s)\Delta T - \dfrac{G_ah_sPa}{\lambda t_aE_sI_s}\left(1 - \dfrac{l}{L}\right) - m_1P\mathrm{sh}[\lambda(l-a)] \end{cases} \tag{5-52}$$

将式（5-52）代入式（5-49）中，可得当 $a < l$ 时，单个集中力作用下界面剪应力为

$$\tau(x) = \begin{cases} C_4e^{-\lambda x} + m_1P(1 - l/L) - m_1P\mathrm{ch}(\lambda x)e^{-\lambda(l-a)}, & 0 \leqslant x < (l-a) \\ C_5e^{-\lambda x} - m_1Pl/L, & (l-a) \leqslant x \leqslant L_p \end{cases} \tag{5-53}$$

②当 $a > l$ 时，界面应力的表达式为

$$\tau(x) = C_7\mathrm{ch}(\lambda x) + C_8\mathrm{sh}(\lambda x) - m_1Pl/L, \quad 0 \leqslant x \leqslant L_p \tag{5-54}$$

在 CFRP 端部，有 $M_c(0) = 0$，截面弯矩完全由钢梁承担，有

$$\begin{cases} M_s(0) = M_T(0) = Pl(1 - a/L) \\ M_s(L_p) = M_T(L_p) = aPl/L \end{cases} \tag{5-55}$$

根据边界条件式（5-50），可得相关参数为

$$C_8 = -C_7 = \frac{G_a}{\lambda t_a}(\alpha_c - \alpha_s)\Delta T - \frac{G_ah_sPa}{\lambda t_aE_sI_s}\left(1 - \frac{l}{L}\right) \tag{5-56}$$

将式(5-56)代入式(5-54)中,可得当 $a>l$ 时,单个集中力作用下界面剪应力为

$$\tau(x) = -C_8 e^{-\lambda x} - m_1 Pl/L, \quad 0 \leqslant x \leqslant L_p \tag{5-57}$$

(3)两个对称集中力作用下界面剪应力求解。

如图 5-3 所示,在两个对称集中力作用下,按照两种情况考虑:(1)CFRP 端部到支座的距离小于集中力作用点到梁端的距离,即 $a<l$;(2)CFRP 端部到支座的距离大于集中力作用点到梁端的距离,即 $a>l$。求得两个对称集中力作用下加固梁的剪力代入式(5-26)中,即可得到界面剪应力的表达式。

①当 $a<l$ 时,界面应力的表达式为

$$\tau(x) = \begin{cases} C_9 \mathrm{ch}(\lambda x) + C_{10}\mathrm{sh}(\lambda x) + m_1 P, & 0 \leqslant x < (l-a) \\ C_{11}\mathrm{ch}(\lambda x) + C_{12}\mathrm{sh}(\lambda x), & (l-a) \leqslant x \leqslant L_p \end{cases} \tag{5-58}$$

在 CFRP 端部,有 $M_c(0)=0$,截面弯矩完全由钢梁承担,可得

$$M_s(0) = M_T(0) = Pa \tag{5-59}$$

在跨中处,界面剪应力为零,即 $\tau(L_p/2)=0$。

在集中力作用点处,由界面剪应力及其一阶导的连续性条件,可得

$$\begin{cases} \tau_1(x)\big|_{x=l-a} = \tau_2(x)\big|_{x=l-a} \\ \dfrac{\mathrm{d}\tau_1(x)}{\mathrm{d}x}\bigg|_{x=l-a} = \dfrac{\mathrm{d}\tau_2(x)}{\mathrm{d}x}\bigg|_{x=l-a} \end{cases} \tag{5-60}$$

根据上述边界条件式(5-59)和式(5-60),结合式(5-26),可计算系数为

$$\begin{cases} C_9 = \dfrac{G_a h_s Pa}{\lambda t_a E_s I_s} - \dfrac{G_a}{\lambda t_a}(\alpha_c - \alpha_s)\Delta T - m_1 P e^{-\lambda(l-a)} \\[2mm] C_{10} = \dfrac{G_a}{\lambda t_a}(\alpha_c - \alpha_s)\Delta T - \dfrac{G_a h_s Pa}{\lambda t_a E_s I_s} \\[2mm] C_{11} = \dfrac{G_a h_s Pa}{\lambda t_a E_s I_s} - \dfrac{G_a}{\lambda t_a}(\alpha_c - \alpha_s)\Delta T + m_1 P \mathrm{sh}[\lambda(l-a)] \\[2mm] C_{12} = \dfrac{G_a}{\lambda t_a}(\alpha_c - \alpha_s)\Delta T - \dfrac{G_a h_s Pa}{\lambda t_a E_s I_s} - m_1 P \mathrm{sh}[\lambda(l-a)] \end{cases} \tag{5-61}$$

将式(5-61)代入式(5-58)中,可得当 $a<l$ 时,两个对称集中力作用下界面剪应力为

$$\tau(x) = \begin{cases} -C_{10} e^{-\lambda x} + m_1 P - m_1 P \mathrm{ch}(\lambda x) e^{-\lambda(l-a)}, & 0 \leqslant x < (l-a) \\ C_{11} e^{-\lambda x}, & (l-a) \leqslant x \leqslant L_p \end{cases} \tag{5-62}$$

②当 $a>l$ 时,界面应力的表达式为

$$\tau(x) = C_{13}\mathrm{ch}(\lambda x) + C_{14}\mathrm{sh}(\lambda x), \quad 0 \leqslant x \leqslant L_p \tag{5-63}$$

在 CFRP 端部,有 $M_c(0)=0$,截面弯矩完全由钢梁承担,有

$$\begin{cases} M_s(0) = M_T(0) = Pl \\ M_s(L_p) = M_T(L_p) = Pl \end{cases} \tag{5-64}$$

根据边界条件式(5-64),可得相关参数为

$$C_{14} = -C_{13} = \dfrac{G_a}{\lambda t_a}(\alpha_c - \alpha_s)\Delta T - \dfrac{G_a h_s Pl}{\lambda t_a E_s I_s} \tag{5-65}$$

将式(5-65)代入式(5-63)中,可得当 $a > l$ 时,两个对称集中力作用下界面剪应力为

$$\tau(x) = C_{13}\mathrm{e}^{-\lambda x}, \quad 0 \leq x \leq L_\mathrm{p} \tag{5-66}$$

2. 界面剥离应力求解

对式(5-28)微分二次,并将式(5-29)和式(5-30)代入式(5-28)中,忽略拉伸变形的影响,有

$$\left.\frac{\mathrm{d}^2\sigma(x)}{\mathrm{d}x^2}\right|_{x=0} = \frac{E_\mathrm{a}}{t_\mathrm{a}}\left[\frac{M_\mathrm{s}(0)}{E_\mathrm{s}I_\mathrm{s}} - \frac{M_\mathrm{c}(0)}{E_\mathrm{c}I_\mathrm{c}}\right] \tag{5-67a}$$

由于 CFRP 端部轴力和弯矩都为零,即有 $N_\mathrm{s}(0) = N_\mathrm{c}(0) = M_\mathrm{c}(0) = 0$,钢梁承担的整个截面弯矩 $M_\mathrm{s}(0) = M_\mathrm{T}(0)$,式(5-67a)变为

$$\left.\frac{\mathrm{d}^2\sigma(x)}{\mathrm{d}x^2}\right|_{x=0} = \frac{E_\mathrm{a}M_\mathrm{T}(0)}{t_\mathrm{a}E_\mathrm{s}I_\mathrm{s}} \tag{5-67b}$$

对式(5-28)微分三次,并将式(5-1)和式(5-3)的相关方程代入式(5-28)中,忽略拉伸变形的影响,有

$$\left.\frac{\mathrm{d}^3\sigma(x)}{\mathrm{d}x^3}\right|_{x=0} = \frac{E_\mathrm{a}}{t_\mathrm{a}}\left[\frac{V_\mathrm{s}(0)}{E_\mathrm{s}I_\mathrm{s}} - \frac{V_\mathrm{c}(0)}{E_\mathrm{c}I_\mathrm{c}}\right] - n_3\tau(0) \tag{5-68a}$$

式中　$n_3 = \dfrac{E_\mathrm{a}b_\mathrm{c}}{t_\mathrm{a}}\left(\dfrac{h_\mathrm{s}}{E_\mathrm{s}I_\mathrm{s}} - \dfrac{h_\mathrm{c}}{E_\mathrm{c}I_\mathrm{c}}\right)$。

由于 CFRP 端部剪力为零,即 $V_\mathrm{c}(0) = 0$,钢梁承担全部剪力 $V_\mathrm{s}(0) = V_\mathrm{T}(0)$,式(5-68a)变为

$$\left.\frac{\mathrm{d}^3\sigma(x)}{\mathrm{d}x^3}\right|_{x=0} = \frac{E_\mathrm{a}V_\mathrm{T}(0)}{t_\mathrm{a}E_\mathrm{s}I_\mathrm{s}} - n_3\tau(0) \tag{5-68b}$$

对式(5-36)分别微分二次和三次,得

$$\left.\frac{\mathrm{d}^2\sigma(x)}{\mathrm{d}x^2}\right|_{x=0} = -2\beta^2 D_2 - n_1\left.\frac{\mathrm{d}^3\tau(x)}{\mathrm{d}x^3}\right|_{x=0} \tag{5-69a}$$

$$\left.\frac{\mathrm{d}^3\sigma(x)}{\mathrm{d}x^3}\right|_{x=0} = 2\beta^3 D_1 + 2\beta^3 D_2 - n_1\left.\frac{\mathrm{d}^4\tau(x)}{\mathrm{d}x^4}\right|_{x=0} \tag{5-69b}$$

联立式(5-67b)和式(5-69a),解得

$$D_2 = -\frac{E_\mathrm{a}M_\mathrm{T}(0)}{2\beta^2 t_\mathrm{a}E_\mathrm{s}I_\mathrm{s}} - \frac{n_1}{2\beta^2}\left.\frac{\mathrm{d}^3\tau(x)}{\mathrm{d}x^3}\right|_{x=0} \tag{5-70a}$$

联立式(5-68b)和式(5-69b),解得

$$\begin{aligned}D_1 = \frac{E_\mathrm{a}}{2\beta^3 t_\mathrm{a}E_\mathrm{s}I_\mathrm{s}}\left[V_\mathrm{T}(0) + \beta M_\mathrm{T}(0)\right] - \frac{n_3\tau(0)}{2\beta^3} + \\ \frac{n_1}{2\beta^3}\left(\left.\frac{\mathrm{d}^4\tau(x)}{\mathrm{d}x^4}\right|_{x=0} + \beta\left.\frac{\mathrm{d}^3\tau(x)}{\mathrm{d}x^3}\right|_{x=0}\right)\end{aligned} \tag{5-70b}$$

求得 CFRP 端部加固梁弯矩 $M_\mathrm{T}(0)$ 和剪力 $V_\mathrm{T}(0)$ 后,就可以得到系数 D_1 和 D_2,将其代入式(5-36)中,即可计算界面剥离应力。

5.1.6　参数敏感性分析

典型的粘贴 CFRP 加固简支钢梁如图 5-4 所示。均布荷载为 50 kN/m,钢梁长度为 2 100 mm、梁高为 194 mm、宽为 150 mm、翼缘厚为 9 mm、腹板厚为 6 mm,粘贴 CFRP 板长度为 1 400 mm、

宽度为 150 mm、厚度为 1 mm,胶层厚度为 0.4 mm。材料力学性能参数见表 5-1。

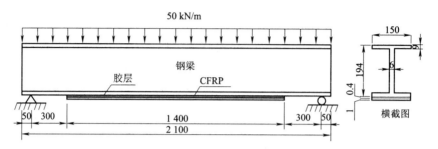

图 5-4　CFRP 加固简支钢梁(单位:mm)

表 5-1　材料力学性能参数

参数	钢	胶黏剂	CFRP
弹性模量/GPa	210	2.86	237
泊松比	0.3	0.35	—

为验证理论计算公式的正确性,采用有限元软件 Abaqus 建立 CFRP 加固钢梁的有限元模型。假定 CFRP-钢界面黏结可靠无滑移,采用简化的接触关系模拟 CFRP-钢界面。钢、胶黏剂和 CFRP 三种材料均采用 C3D8R 实体单元。钢、胶黏剂和 CFRP 采用线弹性应力-应变关系。为保证计算精度 CFRP 端部采用较密的有限元网格,胶层单元的最小网格尺寸为 0.05 mm。根据对称性取半跨结构建模,如图 5-5 所示。

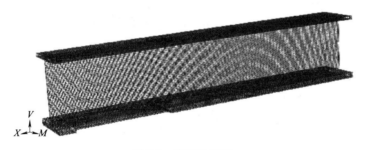

图 5-5　有限元模型

提取有限元模型中界面应力的计算结果,将其与本书的理论计算公式及彭福明的理论公式计算结果进行比较,界面剪应力和界面剥离应力分别如图 5-6 所示。从图 5-6 中可见,最大界面剪应力和最大界面剥离应力均发生在 CFRP 端部,从 CFRP 端部向加固梁跨中方向,界面应力呈非线性分布,有限元模拟值与理论计算值基本一致。

为研究各参数变化对粘贴 CFRP 加固简支钢梁界面应力的影响,利用本书提出的界面应力的理论计算公式,取 CFRP 端部界面剪应力和界面剥离应力为研究对象。某个参数变化时,其余参数不变。

1. 胶层厚度

分析中考虑的胶层厚度分别为 0.3 mm、0.35 mm、0.4 mm、0.45 mm 和 0.5 mm,胶层厚度与 CFRP 端部界面应力的变化关系如图 5-7 所示。从图 5-7 可知,CFRP 端部界面剪应力和剥离应力随胶层厚度的增加而减小,胶层厚度从 0.3 mm 变化为 0.5 mm,CFRP 端部界面剪应力和剥离应力分别减小了 22.1% 和 30.8%,因此,进行钢梁加固设计时,在胶层厚度准许范围内宜采用较厚的胶层,以便减少界面应力,降低 CFRP 剥离的风险。

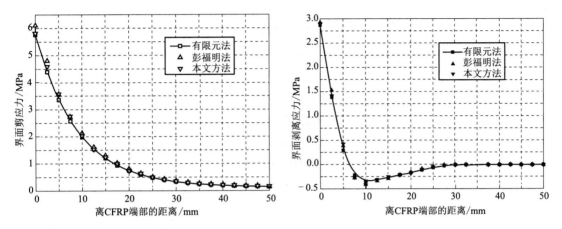

图 5-6　界面应力有限元结果与理论计算结果对比

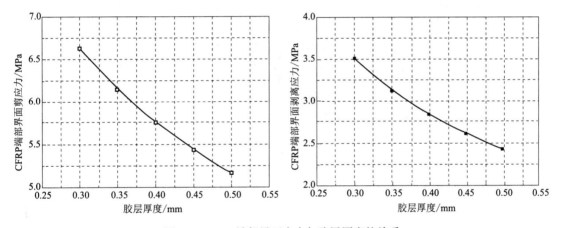

图 5-7　CFRP 端部界面应力与胶层厚度的关系

2. 胶层弹性模量

分析中考虑胶层的弹性模量分别为 1 500 MPa、2 000 MPa、2 500 MPa、3 000 MPa 和 3 500 MPa。胶层弹性模量对 CFRP 端部界面应力影响如图 5-8 所示。由图 5-8 可知,随着胶层弹性模量的增加,界面剪应力和剥离应力呈线性增加,当胶层弹性模量从 1 500 MPa 变化为 3 500 MPa 时,CFRP 端部界面剪应力和剥离应力分别增加了 51.1% 和 80.4%。因此,在保证胶层黏结强度的前提下,宜选用弹性模量较小的胶黏剂,以减少界面应力。

3. CFRP 厚度

分析中考虑 CFRP 的厚度分别为 0.5 mm、0.75 mm、1 mm、1.25 mm 和 1.5 mm,CFRP 厚度与 CFRP 端部界面应力的变化关系如图 5-9 所示。由图 5-9 可知,随着 CFRP 厚度的增加界面剪应力基本无变化,界面剥离应力呈线性增加,CFRP 厚度从 0.5 mm 增加到 1.5 mm,界面剥离应力增加了近 1.94 倍,说明 CFRP 厚度对界面剥离应力影响很大。

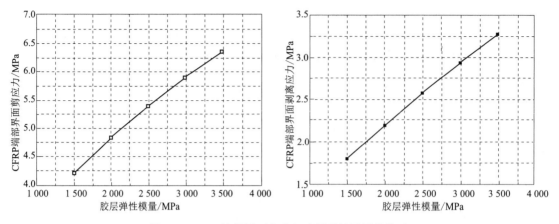

图 5-8　CFRP 端部界面应力与胶层弹性模量的关系

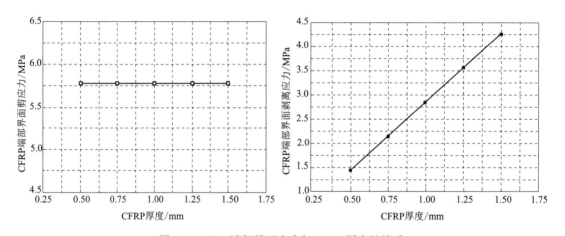

图 5-9　CFRP 端部界面应力与 CFRP 厚度的关系

4. CFRP 弹性模量

碳纤维材料包括板材和布材,根据《公路桥梁加固设计规范》(JTG/T J22—2008)规定,Ⅱ级板材弹性模量应大于等于 140 GPa。因此本书选取 CFRP 弹性模量分别为 160 GPa、180 GPa、200 GPa、220 GPa、240 GPa。CFRP 弹性模量与 CFRP 端部界面应力的变化如图 5-10 所示。由图 5-10 可知,CFRP 弹性模量越大,界面剪应力和剥离应力也越大,CFRP 弹性模量从 160 GPa 增加到 240 GPa,界面剪应力和剥离应力分布增加了 21.6% 和 11.3%。

5. CFRP 端部离支座的距离

分析中考虑 CFRP 端部到支座的距离分别为 100 mm、200 mm、300 mm、400 mm 和 500 mm。CFRP 端部离支座的距离与 CFRP 端部界面应力的变化关系如图 5-11 所示。由图 5-11 可知,CFRP 端部离支座越远,界面剪应力和剥离应力越大,CFRP 端部离支座的距离由 100 mm 增加到 500 mm,界面剪应力和剥离应力分别增加了 2.68 倍和 2.66 倍。究其原因是简支梁结构 CFRP 端部离支座越远,外荷载引起的 CFRP 端部弯矩越大,从而界面应力集中也越大。因此,为减小 CFRP 发生剥离破坏的风险,可适当使 CFRP 端部离支座近些,并在 CFRP 端部采用一定的锚固措施。

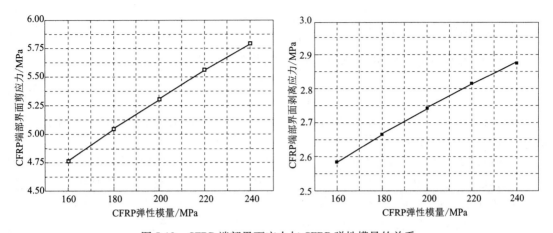

图 5-10　CFRP 端部界面应力与 CFRP 弹性模量的关系

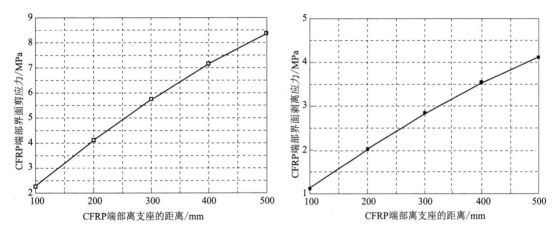

图 5-11　CFRP 端部界面应力与 CFRP 端部离支座距离的关系

6. 敏感性分析

运用敏感性分析的基本理论,从定量分析的角度研究各参数变动对 CFRP 加固钢梁界面应力的影响程度。设有一系统,系统特性 $F = f(x_1, x_2, \cdots, x_n)$。在某一基准状态 $X' = \{x'_1, x'_2, \cdots, x'_n\}$ 下,系统特性为 F'。分别令各参数在其各自可能的范围内变动,分析这些参数变动引起系统特性 F 偏离基准状态 F' 的趋势和程度。基准状态下的基准参数集可根据研究问题的具体情况给出。当分析参数 x_k 对特性 F 的影响时,将其余参数取基准值且固定不变,此时系统特性 F 为

$$F = f(x'_1, x'_2, \cdots, x'_{k-1}, x_k, x'_{k+1}, \cdots, x'_n) = \varphi_k(x_k), \quad k = 1, 2, \cdots, n \tag{5-71}$$

通过式(5-71)仅能分析 F 对单参数的敏感性。而实际问题中大多需要研究多参数的敏感性。为此,定义无量纲化的敏感度函数和敏感度因子。敏感度函数 $S_k(x_k)$ 定义为

$$S_k(x_k) = \left(\left| \frac{\Delta F}{F} \right| \right) \Big/ \left(\left| \frac{\Delta x_k}{x_k} \right| \right) = \left| \frac{\Delta F}{\Delta x_k} \right| \cdot \left| \frac{x_k}{F} \right| \tag{5-72}$$

其中,$k = 1, 2, \cdots, n$。当 $|\Delta x_k| / x_k$ 很小时,$S_k(x_k)$ 可近似地表示为

$$S_k(x_k) = \left| \frac{\mathrm{d}\varphi_k(x_k)}{\mathrm{d}x_k} \right| \cdot \left| \frac{x_k}{F} \right| \tag{5-73}$$

在式(5-73)中取 $x_k = x'_k$，即得到参数 x_k 的敏感度因子 S'_k 为

$$S'_k = S_k(x'_k) = \left| \left(\frac{\mathrm{d}\varphi_k(x_k)}{\mathrm{d}x_k} \right)_{x_k = x'_k} \right| \cdot \left| \frac{x'_k}{F'} \right| \tag{5-74}$$

S'_k 值越大，表明在基准状态下，F 对 x_k 越敏感。因此，当知道各参数的敏感度因子 S'_k 后，通过比较 S'_k 的大小，就可以实现界面应力对各参数的敏感性评价。

系统特性 F 用 CFRP 端部界面剪应力和界面剥离应力表征，敏感性分析的参数为胶层厚度、胶层弹性模量、CFRP 厚度、CFRP 弹性模量、CFRP 端部离支座距离，各参数基准值分别为 0.4 mm、2 860 MPa、1.0 mm、237 GPa、300 mm。根据前述分析方法，对各参数逐个进行分析，本书以参数胶层厚度为例，说明敏感性分析的整个过程。图 5-7 所示为界面应力随胶层厚度的变化曲线，观察曲线的形态进行回归分析，分别建立界面剪应力 τ 和界面剥离应力 σ 与胶层厚度 t 的函数关系

$$\tau = \varphi_\mathrm{d}^\tau(t) = 13.877t^2 - 18.376t + 10.886 \tag{5-75}$$

$$\sigma = \varphi_\mathrm{d}^\sigma(t) = 12.817t^2 - 15.586t + 7.025 \tag{5-76}$$

根据式(5-72)，计算出相应的敏感度函数为

$$S_\mathrm{d}^\tau(t) = \left| \frac{27.754t^2 - 18.376t}{13.877t^2 - 18.376t + 10.886} \right| \tag{5-77}$$

$$S_\mathrm{d}^\sigma(t) = \left| \frac{25.634t^2 - 15.586t}{12.817t^2 - 15.586t + 7.025} \right| \tag{5-78}$$

相应的敏感度曲线如图 5-12 所示。从图 5-12 中可知，界面剪应力和剥离应力的敏感度函数均为抛物线，当胶层厚度基准值为 0.4 mm 时，相应的剪应力敏感度因子为 $S_\mathrm{d}^\tau(t) = 0.506$，剥离应力敏感度因子为 $S_\mathrm{d}^\sigma(t) = 0.753$。

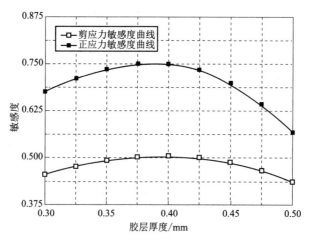

图 5-12　胶层厚度的敏感度曲线

对于其他参数采用相同的分析思路，图 5-8 ~ 图 5-11 中相应曲线进行回归分析，即可得到界面剪应力和界面剥离应力与各参数的函数关系，根据式(5-72)，计算出相应的敏感度函数。

在式(5-74)中,取参数 x_k 为基准参数 x'_k,即可得到相关敏感度因子 S'_k。各参数基准值的敏感度因子 S'_k 见表5-2。

表5-2　各参数基准值的敏感度因子

应力	敏感度因子				
	$S'_{胶层厚度}$	$S'_{胶层弹模}$	$S'_{CFRP厚度}$	$S'_{CFRP弹模}$	$S'_{CFRP端部离支座距离}$
剪应力	0.506	0.542	0.001	0.527	0.812
剥离应力	0.753	0.730	0.988	0.304	0.822

由表5-2可知,CFRP 端部界面应力对不同参数的敏感度差别较大。对 CFRP 端部界面剪应力影响最大的参数为 CFRP 端部离支座距离,其敏感度因子为 0.812;影响最小的参数为 CFRP 厚度,其敏感度因子为 0.001。对 CFRP 端部界面剥离应力影响最大的参数为 CFRP 厚度,其敏感度因子为 0.988;影响最小的参数为 CFRP 弹性模量,其敏感度因子为 0.304。

5.2　CFRP 加固受弯钢梁黏弹性分析

5.2.1　基本方程

典型的 CFRP 加固受弯钢梁如图 5-13 所示。图 5-14 为从加固梁中取得一长度为 $\mathrm{d}x$ 的梁微元。图 5-14 中,$N(x,t)$、$V(x,t)$ 和 $M(x,t)$ 分别代表的轴力、剪力和弯矩,$\sigma(x,t)$ 和 $\tau(x,t)$ 分别代表界面剥离应力和剪应力。界面应力推导过程中,E、I 和 G 分别代表弹性模量、惯性矩和拉伸模量,u、w 和 Φ 分别代表轴向变形、竖向挠度和截面转角,A 代表横截面面积,α 代表横截面剪力系数,$C = EA$、$D = EI$、$B = \alpha GA$ 分别代表拉伸刚度、抗弯刚度和拉伸刚度,下标符号 s、c、a 分别指钢梁、CFRP 和胶黏剂层。假定钢梁和胶黏剂均为线弹性材料,CFRP 为黏弹性材料,界面剪应力和界面剥离应力沿胶层厚度方向为常数,胶层黏结可靠无滑移,同一截面处的钢梁和 CFRP 具有相同的曲率。

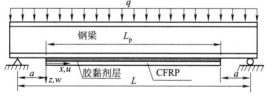

图 5-13　粘贴 CFRP 加固受弯钢梁

(1)对于梁段微元中的钢梁部分,根据力平衡条件有

$$\begin{cases} \dfrac{\partial N_s(x,t)}{\partial x} = \tau(x,t) b_c \\[2mm] \dfrac{\partial V_s(x,t)}{\partial x} = -\sigma(x,t) b_c - qH(t) \\[2mm] \dfrac{\partial M_s(x,t)}{\partial x} = V_s(x,t) - \dfrac{h_s}{2} b_c \tau(x,t) \end{cases} \tag{5-79}$$

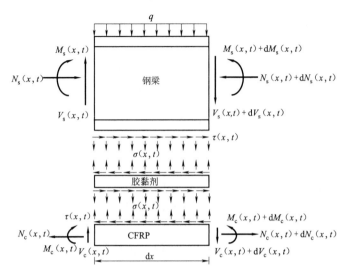

图 5-14　微段应力

式中　h_s——钢梁的高度；

b_c——CFRP 的宽度。

引入物理方程

$$\begin{cases} \dfrac{\partial u_s(x,t)}{\partial x} = \dfrac{N_s(x,t)}{C_s} \\[3mm] \dfrac{\partial w_s(x,t)}{\partial x} + \phi_s(x,t) = \dfrac{V_s(x,t)}{B_s} \\[3mm] \dfrac{\partial \phi_s(x,t)}{\partial x} = -\dfrac{M_s(x,t)}{D_s} \end{cases} \tag{5-80}$$

（2）对于梁段微元中的 CFRP 部分，根据力平衡条件有

$$\begin{cases} \dfrac{\partial N_c(x,t)}{\partial x} = \tau(x,t)b_c \\[3mm] \dfrac{\partial V_c(x,t)}{\partial x} = \sigma(x,t)b_c \\[3mm] \dfrac{\partial M_c(x,t)}{\partial x} = V_c(x,t) - \dfrac{h_c}{2}b_c\tau(x,t) \end{cases} \tag{5-81}$$

式中　h_c——CFRP 的厚度。

引入物理方程

$$\begin{cases} \dfrac{\partial u_c(x,t)}{\partial x} = \dfrac{N_c(x,t)}{C_c} \\[3mm] \dfrac{\partial w_c(x,t)}{\partial x} + \phi_c(x,t) = \dfrac{V_c(x,t)}{B_c} \\[3mm] \dfrac{\partial \phi_c(x,t)}{\partial x} = -\dfrac{M_c(x,t)}{D_c} \end{cases} \tag{5-82}$$

由式(5-79)和式(5-81),可得

$$V_s(x,t) = \frac{\partial M_s(x,t)}{\partial x} + \frac{h_s}{2}\frac{\partial N_s(x,t)}{\partial x} \tag{5-83}$$

$$V_c(x,t) = \frac{\partial M_c(x,t)}{\partial x} + \frac{h_c}{2}\frac{\partial N_c(x,t)}{\partial x} \tag{5-84}$$

根据力的平衡方程,有

$$\begin{cases} N_T(x,t) = N_s(x,t) + N_c(x,t) \\ V_T(x,t) = V_s(x,t) + V_c(x,t) \\ M_T(x,t) = M_s(x,t) + M_c(x,t) + N_s(x,t)(h_s + h_c)/2 \end{cases} \tag{5-85}$$

5.2.2 黏弹性本构模型

当采用微分算子形式表示各向同性线黏弹性材料的本构方程为

$$P_1(s_{ij}) = Q_1(e_{ij}), i = 1,2,3; j = 1,2,3 \tag{5-86a}$$

$$P_2(s) = Q_2(e) \tag{5-86b}$$

式中,P_1,Q_1,P_2 和 Q_2 为对时间 t 的微分算子;s_{ij} 和 e_{ij} 分别为应力偏张量和应变偏张量;s 和 e 分别为应力球张量和应变球张量。

对于平面应力状态,有

$$e = (\varepsilon_x + \varepsilon_y + \varepsilon_z)/3 \tag{5-87a}$$

$$s = (\sigma_x + \sigma_y)/3 \tag{5-87b}$$

应变偏张量 e_{ij} 可以表示成

$$e_{ij} = \begin{pmatrix} \varepsilon_x & \gamma_{xy}/2 & 0 \\ \gamma_{xy}/2 & \varepsilon_y & 0 \\ 0 & 0 & \varepsilon_z \end{pmatrix} = \begin{pmatrix} e & 0 & 0 \\ 0 & e & 0 \\ 0 & 0 & e \end{pmatrix} + \begin{pmatrix} \varepsilon_x - e & \gamma_{xy}/2 & 0 \\ \gamma_{xy}/2 & \varepsilon_y - e & 0 \\ 0 & 0 & \varepsilon_z - e \end{pmatrix} \tag{5-88a}$$

令 $\sigma_y = \sigma$,$\tau_{xy} = \tau$,则应力偏张量 s_{ij} 为

$$s_{ij} = \begin{pmatrix} \sigma_x & \tau & 0 \\ \tau & \sigma & 0 \\ 0 & 0 & 0 \end{pmatrix} = \begin{pmatrix} s & 0 & 0 \\ 0 & s & 0 \\ 0 & 0 & s \end{pmatrix} + \begin{pmatrix} \sigma_x - s & \tau & 0 \\ \tau & \sigma - s & 0 \\ 0 & 0 & -s \end{pmatrix} \tag{5-88b}$$

采用第 3 章得到的胶黏剂黏弹性本构模型——修正的 Burgers 模型来表征胶层的黏弹性性质。该模型是由 Maxwell 模型和 Kelvin 模型串联而成,参数 G_M 和 η_M 分别代表 Maxwell 模型中弹性模量和黏度系数,参数 G_K 和 η_K 分别代表 Kelvin 模型中弹性模量和黏度系数。该本构模型的微分算子可表示为

$$P_1 = 1 + p_1\frac{\mathrm{d}}{\mathrm{d}t} + p_2\frac{\mathrm{d}^2}{\mathrm{d}t^2}, \quad Q_1 = q_1\frac{\mathrm{d}}{\mathrm{d}t} + q_2\frac{\mathrm{d}^2}{\mathrm{d}t^2} \tag{5-89}$$

式中,$p_1 = \dfrac{G_M\eta_M + G_K\eta_M + G_M\eta_K}{G_M G_K}$;$p_2 = \dfrac{\eta_M\eta_K}{G_M G_K}$;$q_1 = \eta_M$;$q_2 = \dfrac{\eta_M\eta_K}{G_K}$。

将式(5-87)和式(5-88)代入式(5-86)中,有关系式

$$P_1(2\sigma_x - \sigma) = Q_1(2\varepsilon_x - \varepsilon_y - \varepsilon_z) \tag{5-90a}$$

$$P_1(2\sigma - \sigma_x) = Q_1(2\varepsilon_y - \varepsilon_x - \varepsilon_z) \tag{5-90b}$$

$$-P_1(\sigma_x + \sigma) = Q_1(2\varepsilon_z - \varepsilon_y - \varepsilon_x) \tag{5-90c}$$

$$P_1(\tau) = \frac{1}{2}Q_1(\gamma_{xy}) \tag{5-90d}$$

$$P_2(\sigma_x + \sigma) = Q_2(\varepsilon_x + \varepsilon_y + \varepsilon_z) \tag{5-90e}$$

对于胶黏剂这种黏弹性材料来说,其体积变形是弹性的,其流变性质主要表现在拉伸变形方面,有

$$P_2 = 1, \quad Q_2 \equiv 3K \tag{5-91}$$

式中,K 为胶黏剂的体积模量,$K = \dfrac{E_a G_a}{3(3G_a - E_a)}$。

5.2.3 CFRP 轴力及钢梁弯矩

对胶层进行受力分析,参考 Delale 和 Erdogan 对搭接接头的分析方法,可以得到

$$\gamma_{xy}(x,t) = \left(u_s(x,t) - \frac{h_s}{2}\phi_s(x,t) - u_c(x,t) - \frac{h_c}{2}\phi_c(x,t) \right)\Big/ t_a \tag{5-92a}$$

$$\varepsilon_y(x,t) = (w_s(x,t) - w_c(x,t))/t_a \tag{5-92b}$$

$$\varepsilon_x(x,t) = \left(\frac{\partial u_s(x,t)}{\partial x} - \frac{h_s}{2} \cdot \frac{\partial \phi_s(x,t)}{\partial x} + \frac{\partial u_c(x,t)}{\partial x} + \frac{h_c}{2} \cdot \frac{\partial \phi_c(x,t)}{\partial x} \right)\Big/ 2 \tag{5-92c}$$

将式(5-90e)代入式(5-90a)和式(5-90c)中,消除 ε_z,并整理得

$$(3Q_1^2 - 9KP_1Q_1)\varepsilon_x - (3Q_1^2 + 18KP_1Q_1)\varepsilon_y + (6P_1Q_1 + 9KP_1^2)\sigma = 0 \tag{5-93}$$

将式(5-89)代入到式(5-93)中,整理得

$$A\varepsilon_x + B\varepsilon_y + C\sigma = 0 \tag{5-94}$$

式中

$$A = (3 - 9Kp_2q_2)\frac{\mathrm{d}^4}{\mathrm{d}t^4} + (6q_1q_2 - 9Kp_1q_2 - 9Kp_2q_1)\frac{\mathrm{d}^3}{\mathrm{d}t^3} +$$
$$(3q_1^2 - 9Kq_2 - 9Kp_1q_1)\frac{\mathrm{d}^2}{\mathrm{d}t^2} - 9Kq_1\frac{\mathrm{d}}{\mathrm{d}t} \tag{5-95a}$$

$$B = -(3 + 18Kp_2q_2)\frac{\mathrm{d}^4}{\mathrm{d}t^4} - (6q_1q_2 + 18Kp_1q_2 + 18Kp_2q_1)\frac{\mathrm{d}^3}{\mathrm{d}t^3} -$$
$$(3q_1^2 + 18Kq_2 + 18Kp_1q_1)\frac{\mathrm{d}^2}{\mathrm{d}t^2} - 18Kq_1\frac{\mathrm{d}}{\mathrm{d}t} \tag{5-95b}$$

$$C = (6p_2q_2 + 9Kp_2)\frac{\mathrm{d}^4}{\mathrm{d}t^4} + (6p_1q_2 + 6p_2q_1 + 18Kp_1p_2)\frac{\mathrm{d}^3}{\mathrm{d}t^3} +$$
$$(6q_2 + 6p_1q_1 + 9Kp_1^2 + 18Kp_2)\frac{\mathrm{d}^2}{\mathrm{d}t^2} + (6q_1 + 18Kp_1)\frac{\mathrm{d}}{\mathrm{d}t} + 9K \tag{5-95c}$$

将式(5-92)代入到式(5-94)中,得

$$\frac{A}{2}\left[\frac{\partial u_s(x,t)}{\partial x} - \frac{h_s}{2} \cdot \frac{\partial \phi_s(x,t)}{\partial x} + \frac{\partial u_c(x,t)}{\partial x} + \frac{h_c}{2} \cdot \frac{\partial \phi_c(x,t)}{\partial x} \right] +$$
$$B\left[\frac{w_s(x,t) - w_c(x,t)}{t_a} \right] + C\sigma(x,t) = 0 \tag{5-96}$$

将式(5-96)两边微分二次,并将式(5-80)和式(5-82)代入式(5-96)中,整理得

$$A\left(\left(\frac{1}{2C_s}-\frac{1}{2C_c}-\frac{h_c(h_s+h_c)}{8D_c}\right)\frac{\partial^2 N_s(x,t)}{\partial x^2}-\left(\frac{h_s}{4D_s}+\frac{h_c}{4D_c}\right)\frac{\partial^2 M_s(x,t)}{\partial x^2}+qH(t)\frac{h_c}{4D_c}\right)+$$

$$\frac{B}{t_a}\left(\frac{1}{B_s}+\frac{1}{B_c}\right)\left(\frac{\partial^2 M_s(x,t)}{\partial x^2}+\frac{h_s}{2}\cdot\frac{\partial^2 N_s(x,t)}{\partial x^2}\right)-\frac{h_s+h_c}{2D_c}N_s(x,t)-\left(\frac{1}{D_s}+\frac{1}{D_c}\right)M_s(x,t)+$$

$$\frac{1}{D_c}M_T(x,t)+\frac{C}{b_c}\left(\frac{\partial^4 M_s(x,t)}{\partial x^4}+\frac{h_s}{2}\cdot\frac{\partial^4 N_s(x,t)}{\partial x^4}\right)=0 \tag{5-97}$$

在式(5-97)两边取拉普拉斯变换,并整理得

$$E_{11}\frac{\partial^4 \overline{N_s}(x,s)}{\partial x^4}+E_{12}\frac{\partial^4 \overline{M_s}(x,s)}{\partial x^4}+E_{13}\frac{\partial^2 \overline{N_s}(x,s)}{\partial x^2}+E_{14}\frac{\partial^2 \overline{M_s}(x,s)}{\partial x^2}+$$

$$E_{15}\overline{N_s}(x,s)+E_{16}\overline{M_s}(x,s)+E_{17}\overline{M_T}(x,s)+E_{18}q=0 \tag{5-98}$$

式中, $E_{11}=\dfrac{h_s\overline{C}}{2b_c}$; $E_{12}=\dfrac{\overline{C}}{b_c}$; $E_{13}=\dfrac{h_s}{2t_a}\left(\dfrac{1}{B_s}+\dfrac{1}{B_c}\right)\overline{B}+\left(\dfrac{1}{2C_s}-\dfrac{1}{2C_c}-\dfrac{h_c(h_s+h_c)}{8D_c}\right)\overline{A}$; $E_{14}=$

$\dfrac{\overline{B}}{t_a}\left(\dfrac{1}{B_s}+\dfrac{1}{B_c}\right)-\dfrac{\overline{A}}{4}\left(\dfrac{h_s}{D_s}+\dfrac{h_c}{D_c}\right)$; $E_{15}=-\dfrac{(h_s+h_c)\overline{B}}{2D_ct_a}$; $E_{16}=-\dfrac{\overline{B}}{t_a}\left(\dfrac{1}{D_s}+\dfrac{1}{D_c}\right)$; $E_{17}=\dfrac{\overline{B}}{D_ct_a}$; $E_{18}=\dfrac{h_c}{4D_cs}\overline{A}$ 。

$\overline{A}$ 、 $\overline{B}$ 、 $\overline{C}$ 为式(5-95)各式的拉普拉斯变换形式。

将式(5-92a)代入式(5-90d),可得

$$P_1(\tau,t)=\frac{1}{2}Q_1\left\{\left(u_s(x,t)-\frac{h_s}{2}\phi_s(x,t)-u_c(x,t)-\frac{h_c}{2}\phi_c(x,t)\right)/t_a\right\} \tag{5-99}$$

将式(5-99)两边微分二次,并代入式(5-80)和式(5-82),得

$$P_1\left(\frac{1}{b_c}\frac{\partial^2 N_s(x,t)}{\partial x^2}\right)=\frac{1}{2}Q_1\{F_{11}N_s(x,t)+F_{12}M_s(x,t)+F_{13}N_T(x,t)+F_{14}M_T(x,t)+F_{15}N_0(x,t)\}$$

$$\tag{5-100}$$

式中, $F_{11}=\dfrac{1}{t_a}\left(\dfrac{1}{C_s}+\dfrac{1}{C_c}+\dfrac{h_c(h_s+h_c)}{4D_c}\right)$; $F_{12}=\dfrac{1}{2t_a}\left(\dfrac{h_s}{D_s}-\dfrac{h_c}{D_c}\right)$; $F_{13}=-\dfrac{1}{C_ct_a}$; $F_{14}=-\dfrac{h_c}{2D_ct_a}$; $F_{15}=\dfrac{1}{F_ct_a}$ 。

在式(5-100)两边取拉普拉斯变换,并整理得

$$\overline{M_s}(x,s)=\frac{G_{12}}{G_{11}}\cdot\frac{\partial^2 \overline{N_s}(x,s)}{\partial x^2}+\frac{G_{13}}{G_{11}}\overline{N_s}(x,s)+\frac{G_{14}}{G_{11}}\overline{N_T}(x,s)+\frac{G_{15}}{G_{11}}\overline{M_T}(x,s)+\frac{G_{16}}{G_{11}s}N_0 \tag{5-101}$$

式中, $\overline{N_T}(x,s)$ 、 $\overline{M_T}(x,s)$ 分别为 $N_T(x,t)$ 、 $M_T(x,t)$ 在拉普拉斯像空间内的表达。

$$G_{11}=\frac{1}{2}F_{12}(q_1s+q_2s^2),\ G_{12}=\frac{1}{2b}(1+p_1s+p_2s^2),\ G_{13}=-\frac{1}{2}F_{11}(q_1s+q_2s^2),$$

$$G_{14}=-\frac{1}{2}F_{13}(q_1s+q_2s^2),\ G_{15}=-\frac{1}{2}F_{14}(q_1s+q_2s^2),\ G_{16}=-\frac{1}{2}F_{15}(q_1s+q_2s^2)\,。$$

将式(5-101)代入式(5-98),消除 $\overline{M_s}(x,s)$,得到 $\overline{N_s}(x,s)$ 的控制方程为

$$H_{11}\frac{\partial^6 \overline{N_s}(x,s)}{\partial x^6} + H_{12}\frac{\partial^4 \overline{N_s}(x,s)}{\partial x^4} + H_{13}\frac{\partial^2 \overline{N_s}(x,s)}{\partial x^2} + H_{14}\overline{N_s}(x,s) +$$

$$H_{15}\overline{N_T}(x,s) + H_{16}\overline{M_T}(x,s) + H_{17}N_0/s + H_{18}q = 0 \tag{5-102}$$

式中，$H_{11} = \dfrac{G_{12}E_{12}}{G_{11}}$；$H_{12} = E_{11} + \dfrac{G_{13}E_{12}}{G_{11}} + \dfrac{G_{12}E_{14}}{G_{11}}$；$H_{13} = E_{13} + \dfrac{G_{13}E_{14}}{G_{11}} + \dfrac{G_{12}E_{16}}{G_{11}}$；$H_{14} = E_{15} + \dfrac{G_{13}E_{16}}{G_{11}}$；

$H_{15} = \dfrac{G_{14}E_{16}}{G_{11}}$；$H_{16} = E_{17} + \dfrac{G_{15}E_{16}}{G_{11}}$；$H_{17} = E_{18} + \dfrac{b_c G_{15}E_{14}}{G_{11}}$；$H_{18} = \dfrac{G_{16}E_{16}}{G_{11}}$。

式（5-102）中钢梁轴力在拉普拉斯像空间内的解可表示为

$$\overline{N_s}(x,s) = \sum_{i=1}^{6} c_i(s)\,\mathrm{e}^{R_i(s)x} + \overline{N_{1C}}(x,s) \tag{5-103}$$

式中　$R_i(s)(i=1,2,\cdots,6)$——式（5-103）特征方程的六次根；

　　　$c_i(s)(i=1,2,\cdots,6)$——由边界条件决定的系数。

$$\overline{N_{1C}}(x,s) = -\frac{H_{15}}{H_{14}}\overline{N_T}(x,s) - \frac{H_{16}}{H_{14}}\overline{M_T}(x,s) - \frac{H_{17}}{H_{14}}q - \frac{H_{18}}{H_{14}}N_0 \tag{5-104}$$

由式（5-79）和式（5-81）可知，在拉普拉斯像空间内 CFRP 轴力 $\overline{N_c}(x,s) = \overline{N_s}(x,s)$。

式（5-103）代入式（5-101）中，钢梁弯矩拉普拉斯像空间内的解为

$$\overline{M_s}(x,s) = \sum_{i=1}^{6}\frac{c_i(s)}{G_{11}}(G_{12}R_i^2(s) + G_{13})\mathrm{e}^{R_i(s)x} + \overline{M_{1C}}(x,s) \tag{5-105}$$

式中

$$\overline{M_{1C}}(x,s) = \frac{G_{12}}{G_{11}} \cdot \frac{\partial^2 \overline{N_{1C}}(x,s)}{\partial x^2} + \frac{G_{13}}{G_{11}}\overline{N_{1C}}(x,s) + \frac{G_{14}}{G_{11}}\overline{N_T}(x,s) +$$

$$\frac{G_{15}}{G_{11}}\overline{M_T}(x,s) + \frac{G_{16}}{G_{11}}N_0 \tag{5-106}$$

将式（5-103）和式（5-105）代入式（5-84）中，得

$$\overline{V_s}(x,s) = \sum_{i=1}^{6}\left(\frac{G_{12}}{G_{11}}R_i^3(s) + \left(\frac{G_{13}}{G_{11}} + \frac{h_s}{2}\right)R_i(s)\right)c_i(s)\mathrm{e}^{R_i(s)x} + \overline{V_{1C}}(x,s) \tag{5-107}$$

式中

$$\overline{V_{1C}}(x,s) = \frac{\partial \overline{M_{1C}}(x,s)}{\partial x} + \frac{h_s}{2} \cdot \frac{\partial \overline{N_{1C}}(x,s)}{\partial x} \tag{5-108}$$

5.2.4　界面应力

将式（5-103）和式（5-105）代入式（5-79）中，则拉普拉斯像空间内界面剪应力和界面剥离应力的表达式为

$$\overline{\tau}(x,s) = \frac{1}{b_c}\sum_{i=1}^{6}c_i(s)R_i(s)\mathrm{e}^{R_i(s)x} + \frac{\partial \overline{N_{1C}}(x,s)}{\partial x} \tag{5-109}$$

$$\overline{\sigma}(x,s) = \frac{1}{b_c}\sum_{i=1}^{6}\left(\frac{G_{12}}{G_{11}}R_i^4(s) + \left(\frac{G_{13}}{G_{11}} + \frac{h_s}{2}\right)R_i^2(s)\right)c_i(s)\mathrm{e}^{R_i(s)x} + \frac{\partial \overline{V_{1C}}(x,s)}{b_c \partial x} - \frac{q}{b_c s} \tag{5-110}$$

对于图 5-13 所示的简支梁,可通过下列边界条件得到系数 $c_i(s)$:
(1) $N_s(0,t) = 0$,(2) $V_s(0,t) = qH(t)(L/2 - a)$,(3) $M_s(0,t) = aqH(t)(a - L)/2$,
(4) $N_s(L_P,t) = 0$,(5) $V_s(L_P,t) = qH(t)(a - L/2)$,(6) $M_s(L_P,t) = aqH(t)(a - L)/2$。

方程(5-109)和方程(5-110)的求解方法,仍然采用 Zakian 提出的拉普拉斯逆变换的数值反演法。根据 Zakian 提出的算法,$F(s)$ 的拉普拉斯逆变换为

$$f(t) = \sum_{i=1}^{n} K_i F(s_i) \tag{5-111}$$

式中,K_i,s_i 和 n 由特殊方法确定。Zakian 算法的简化形式为

$$f(t) = \frac{2}{t} \sum_{i=1}^{5} \mathrm{Re}\left(K_i F\left(\frac{a_i}{t}\right)\right) \tag{5-112}$$

式中,常数 K_i 和 a_i 可的取值已经由 Zakian 给出,结果见表 5-3。

表 5-3　Zakian 算法中 a_i 和 K_i 的取值

i	a_i	K_i
1	12. 837 676 75 + i1. 666 063 445	− 36 902. 082 1 + i196 990. 425 7
2	12. 226 132 09 + i5. 012 718 792	61 277. 025 24 − i95 408. 625 51
3	10. 934 303 08 + i8. 409 673 116	− 28 916. 562 88 + i18 169. 185 31
4	8. 776 434 715 + i11. 921 853 89	4 655. 361 138 − i1. 901 528 642
5	5. 225 453 361 + i15. 729 529 05	− 118. 741 401 1 − i141. 303 691 1

5.2.5　加固梁挠度

在图 5-13 中,当 $x < 0$ 时,钢梁的剪力和弯矩分别为

$$V_s(x) = q(L/2 - a + x) \tag{5-113}$$

$$M_s(x) = q(a - x)(a - L - x)/2 \tag{5-114}$$

此时,钢梁的挠度和转角可由下式计算

$$\phi_s(x,t) = \int_{-a}^{x} \frac{M_s(x,t)}{D_s} \mathrm{d}x + \phi_s(-a,t) \tag{5-115}$$

$$w_s(x,t) = \int_{-a}^{x} \left(\frac{V_s(x,t)}{B_s} - \phi_s(x,t)\right) \mathrm{d}x + w_s(-a,t) \tag{5-116}$$

当 $0 < x < L_P$ 时,钢梁的挠度和转角分别为

$$\phi_s(x,t) = \int_{0}^{x} \frac{M_s(x,t)}{D_s} \mathrm{d}x + \phi_s(0,t) \tag{5-117}$$

$$w_s(x,t) = \int_{0}^{x} \left(\frac{V_s(x,t)}{B_s} - \phi_s(x,t)\right) \mathrm{d}x + w_s(0,t) \tag{5-118}$$

由于结构的对称性,可以利用以下边界条件和连续条件求解方程(5 - 118),即

$$\phi_s(0,t) = \int_{-a}^{0} \frac{M_s(x,t)}{D_s} \mathrm{d}x + \phi_s(-a,t) \tag{5-119}$$

$$w_s(0,t) = \int_{-a}^{0} \left(\frac{V_s(x,t)}{B_s} - \phi_s(x,t)\right) \mathrm{d}x + w_s(-a,t) \tag{5-120}$$

5.2.6 黏弹性分析的有限元法

CFRP-钢界面的蠕变应变率 $\dot{\varepsilon}^c$ 可以表示为应力 σ 和时间 t 的函数,即

$$\dot{\varepsilon}^c = \frac{\mathrm{d}\varepsilon^c}{\mathrm{d}t} = \frac{\partial \varepsilon^c}{\partial t} = f(\sigma, t) \tag{5-121}$$

对于多维应力状态的蠕变问题,应以等效蠕变应变 $\overline{\dot{\varepsilon}^c}$ 和等效应力 $\overline{\sigma}$ 分别代替式(5-121)中的 $\dot{\varepsilon}^c$ 和 σ,可得等效关系为

$$\overline{\dot{\varepsilon}^c} = f(\overline{\sigma}, t) \tag{5-122}$$

可建立 Mises 型蠕变增量本构关系

$$\dot{\varepsilon}^c_{ij} = \frac{3}{2} \frac{\overline{\dot{\varepsilon}^c}}{\overline{\sigma}} S_{ij} = \frac{3 f(\overline{\sigma}, t)}{2\overline{\sigma}} S_{ij} \tag{5-123}$$

式中 $\dot{\varepsilon}^c_{ij}$——蠕变应变分量;

S_{ij}——应力偏张量。

按蠕变本构理论建立时间步长 Δt_i 的表达式

$$\overline{\dot{\varepsilon}^c_{i-1}} = f(\overline{\sigma}_{i-1}, t) \tag{5-124}$$

$$\Delta \{\varepsilon^c\}_i = \frac{3}{2} \frac{\overline{\dot{\varepsilon}^c_{i-1}}}{\overline{\sigma}_{i-1}} \{S\}_{i-1} \Delta t_i \tag{5-125}$$

式中 $\{\varepsilon^c\}$——蠕变应变分量列阵;

$\{S\}$——应力偏量列阵。

按欧拉方法建立

$$\Delta \overline{\varepsilon}^c_i = \Delta t_i \overline{\dot{\varepsilon}^c_{i-1}} \tag{5-126}$$

由本构方程求 $\Delta \{\varepsilon^c\}_i$

建立因蠕变引起的等效节点力 $\Delta \{R\}^c_i$

$$\Delta \{R\}^c_i = \int_V \boldsymbol{B}^{\mathrm{T}} \boldsymbol{D} \Delta \{\varepsilon^c\}_i \mathrm{d}V \tag{5-127}$$

式中 $\boldsymbol{B}$——应变矩阵;

$\boldsymbol{D}$——弹性矩阵。

可得到如下平衡方程,即

$$\boldsymbol{K}\Delta\{\delta\} = \Delta\{P\} + \Delta\{R\}^c_i \tag{5-128}$$

式中 $\boldsymbol{K}$——总刚度矩阵;

$\{\delta\}$——整体结构的节点位移列阵;

$\{P\}$——整体结构的节点荷载列阵。

由式(5-128)解得位移增量,再求应变增量、应力增量,得到该时间步末的应变、应力等。在求出初始线弹性解后,便可由式(5-124)~式(5-128)求出各时间步末的位移、应变和应力。

5.2.7 参数分析

典型的粘贴 CFRP 加固简支钢梁如图 5-15 所示。均布荷载为 50 kN/m,钢梁长度为 2 100 mm、

梁高为 194 mm、宽为 150 mm、翼缘厚为 9 mm、腹板厚为 6 mm,粘贴 CFRP 长度为 1 400 mm、宽度为 150 mm、厚度为 1 mm,胶层厚度为 0.4 mm。材料力学性能参数见表 5-4。

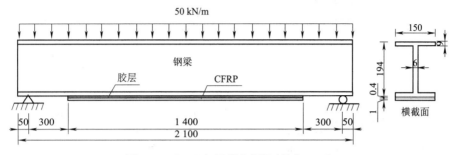

图 5-15　CFRP 加固简支钢梁(单位:mm)

表 5-4　材料力学性能参数

参数	钢	胶黏剂	CFRP
弹性模量/GPa	210	2.86	237
泊松比	0.3	0.35	—

　　为验证理论计算公式的正确性。采用有限元软件 Abaqus 建立 CFRP 加固钢梁的有限元模型。假定 CFRP-钢界面黏结可靠无滑移,采用简化的接触关系模拟 CFRP-钢界面。钢、胶黏剂和 CFRP 三种材料均采用 C3D8R 实体单元。钢和 CFRP 采用线弹性应力-应变关系。胶黏剂采用黏弹性本构关系,胶黏剂的黏弹性本构关系通过用户材料子程序 UMAT 实现。为保证计算精度 CFRP 端部采用较密的有限元网格,胶层单元的最小网格尺寸为 0.05 mm。根据对称性取半跨结构建模,如图 5-16 所示。

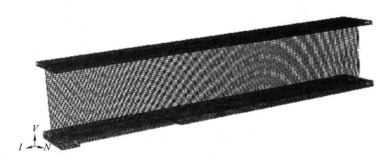

图 5-16　有限元模型

　　当时间 t 为零时,提取界面应力有限元模型计算结果与式(5-109)和式(5-110)的计算结果,如图 5-17 所示。从图 5-17 中可知,有限元计算结果和理论公式计算结果吻合较好。

1. 胶层应力

　　图 5-18 和图 5-19 所示为 CFRP 加固简支钢梁胶层剪应力和剥离应力随时间的变化情况。剪应力和剥离应力均为胶层中面的应力。随着加固梁持载时间的增加,胶层剪应力和剥离应力均发生应力重分布,胶层应力峰值随时间增加而减小,集中现象得到缓和。从图中还可发现,界面的这种应力重分布现在只发生在 CFRP 端部附近有限区域内,这是因为这一区域以外的界面上应力很小,所以胶黏剂没有发生蠕变。

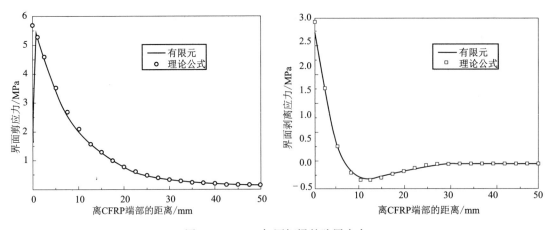

图 5-17　CFRP 加固钢梁的胶层应力

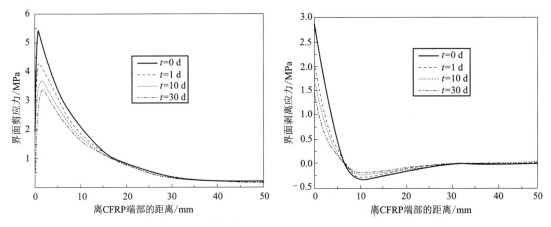

图 5-18　胶层剪应力随持载时间的重分布　　图 5-19　胶层剥离应力随持载时间的重分布

图 5-20 和图 5-21 所示为胶层最大剪应力和最大剥离应力随持载时间的变化。随着持载时间的增加,胶层最大剪应力和最大剥离应力均会呈现减小趋势,开始的几天应力减小迅速,后期逐渐缓慢。胶层最大应力的减小能够降低 CFRP 剥离的风险。当胶层厚度分别为 0.3 mm、0.4 mm 和 0.5 mm 时,30 d 后胶层最大剪应力分别减小了 39.7%、37.1% 和 34.8%,胶层最大剥离应力分别减小了 32.5%、31.0% 和 28.4%。从图中还可看出,胶层的厚度对胶层应力有重要的影响,胶层越薄,胶层应力越大。

2. 加固梁内力

图 5-22 和图 5-23 所示分别为 CFRP 轴力和钢梁弯矩随持载时间的变化。从图中可以看出,胶黏剂的蠕变导致加固梁发生了内力重分配,CFRP 轴力随着持载时间的增加而减小,钢梁弯矩随持载时间的增加而增大。胶黏剂蠕变对加固梁内力的影响在一定的区域内,超过这一区域影响可以忽略不计,这是因为界面应力在 CFRP 端部较大,在这之外的区域界面应力很小,胶层蠕变几乎为零。

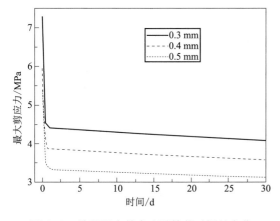

图 5-20　胶层最大剪应力随持载时间的变化

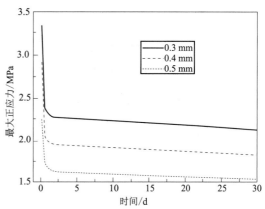

图 5-21　胶层最大剥离应力随持载时间的变化

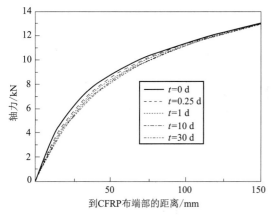

图 5-22　CFRP 轴力随持载时间的变化

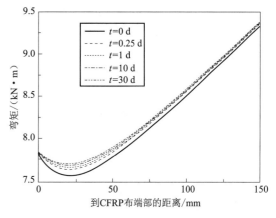

图 5-23　钢梁弯矩随持载时间的变化

选取距离 CFRP 端部 20 mm 处的截面,截面上 CFRP 轴力和钢梁弯矩随时间的变化趋势如图 5-24 和图 5-25 所示。由图可知,随着时间的增加,CFRP 轴力减小,钢梁弯矩增大。当胶层厚度分别为 0.3 mm、0.4 mm 和 0.5 mm 时,30 d 后 CFRP 轴力分别减小了 13.2%、15.8% 和 17.5%,钢梁弯矩分别增加了 15.1%、17.4% 和 18.7%。说明因胶黏剂的蠕变作用,CFRP 加固效果随持载时间的增加在逐渐减弱。图中还表明,胶层越薄,CFRP 分担的载荷越大,但从图可以看出,较薄的胶层厚度将会产生较大的胶层剥离应力,从而增加 CFRP 剥离的风险。

3. 加固梁挠度

图 5-26 所示为加固梁跨中挠度随持载时间的增加而增大。加固梁跨中挠度在开始的几天内迅速增大,一段时间后,增大速率逐渐减小,与胶黏剂的黏弹性特性密切相关。当胶层厚度分别为 0.3 mm、0.4 mm 和 0.5 mm 时,30 d 后加固梁挠度分别增加了 4.6‰、3.7‰ 和 2.8‰,胶层厚度对加固梁挠度影响较小。当采用较厚的胶层时,初始弹性挠度和由胶黏剂黏弹性产生的蠕变挠度均较大。

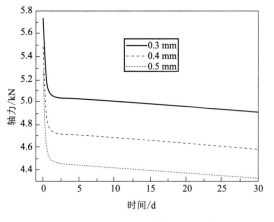

图 5-24　距 CFRP 端部 20 mm 处
CFRP 轴力随持载时间的变化

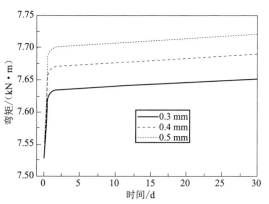

图 5-25　距 CFRP 端部 20 mm 处
钢梁弯矩随持载时间的变化

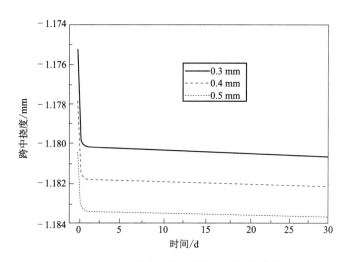

图 5-26　加固梁跨中挠度随持载时间的增加

5.3　CFRP 加固钢梁的设计建议

1. 确定材料特性

在进行加固设计之初,应首先确定原梁钢材的材料特性,包括弹性模量 E_b、屈服强度 f_y 和屈服应变 ε_y;其次是粘贴加固用 CFRP 的弹性模量 E_p、拉伸强度 f_t 和伸长率 δ,以及胶黏剂的弹性模量 E_a、抗拉强度 f_{ta} 和伸长率 δ_t。

2. 评估既有钢梁的承载力

通过调查设计资料以及实际量测,获得既有钢梁截面的截面特性,包括截面面积 A_b 等,从而得到钢梁中性轴的位置,确定其到底面的距离 Z_b。对既有的钢梁结构进行计算分析,计算出钢梁的抗弯承载力 M_u 和抗弯刚度 $E_b I_b$,以及恒荷载产生的弯矩 M_0。

3. 确定加固用 CFRP 的面积

进行加固设计计算时,应考虑的荷载包括恒荷载引起的弯矩 M_0,对原钢梁进行反拱卸荷产生的弯矩 M_f,对 CFRP 进行张拉产生预张力 F_f,原钢梁的抗弯承载力 M_u 以及粘贴 CFRP 应达到的抗弯承载力 M_{ru}。不考虑钢材的屈服极限,以钢梁下表面纤维的弹性极限作为计算依据。由静力平衡条件,则加固用 CFRP 的截面面积 A_p 为

$$A_p = \frac{E_b}{E_p} \left[\frac{M_{ru} - M_u - (Z_b + I_b/Z_b A_b) F_f}{M_u - M_0 - M_f} \right] \frac{A_b}{Z_b^2 A_b/I_b + 1} \tag{5-129}$$

式(5-129)表明:若要减小 CFRP 的用量,可以对 CFRP 进行张拉或对原钢梁进行反拱卸载。

4. 界面应力

试验研究表明,CFRP 与钢材之间的界面剥离破坏是粘贴 CFRP 加固钢梁的主要破坏类型。因此,进行加固设计时还应对黏结界面应力进行验算。在 CFRP 端部界面剪应力和界面剥离应力均有最大值,即 $x = 0$,由式(5-26)得 τ_{max} 为

$$\tau_{max} = \tau(0) = C_1 + m_1 V_T(0) \tag{5-130}$$

将 $x = 0$ 代入式(5-36)得 σ_{max} 为

$$\sigma_{max} = \sigma(0) = D_1 - n_1 \frac{d\tau(x)}{dx} \bigg|_{x=0} - n_2 q(0) \tag{5-131}$$

式中各参数的含义见 5.1 节。界面的最大主应力由下式计算

$$\sigma_{1max} = \frac{\sigma_{max}}{2} + \sqrt{\left(\frac{\sigma_{max}}{2} \right)^2 + \tau_{max}^2} \tag{5-132}$$

由 5.3 节可知,胶黏剂的蠕变会导致 CFRP 端部的界面剪应力和界面剥离应力减小,式(5-132)计算的界面最大主应力也会随着胶层的蠕变而减小,因此只要式(5-132)计算的界面最大主应力小于胶黏剂的抗拉强度 f_{ta},该加固钢梁就不会在静荷载下发生剥离破坏。

5. 其他方面

(1)减少 CFRP 端部界面剪应力和剥离应力的方法。由 5.2 节界面应力的参数敏感性分析可知,降低 CFRP 端部界面应力的方法有采用较厚的胶层,或较小的胶层弹模,或较薄的 CFRP,或较小的 CFRP 弹性模量,或使 CFRP 端部靠近支座。另外,CFRP 端部溢胶也能有效降低界面应力。

(2)构造措施。CFRP 宜粘贴成条带状,板材不宜超过 2 层,布材不宜超过 3 层;CFRP 沿纤维受力方向的搭接长度不应小于 100 mm;当采用多条或多层 CFRP 加固时,其搭接位置应相互错开。

(3)CFRP 粘贴长度。CFRP 粘贴长度首先要满足被加固钢梁需要提高的承载力。可通过钢梁的弯矩包络图来确定需要加固的区域,从而确定 CFRP 的粘贴长度 l_d,如图 5-27 所示。最小锚固长度可参考《公路桥梁加固设计规范》(JTG/T J22—2008)确定,$l_m = 200$ mm。因此,所需要的 CFRP 粘贴长度 $l = l_d + 2l_m$。此时还需要由 CFRP 粘贴长度 l 来计算界面最大主应力,保证其不超过胶黏剂的抗拉强度 f_{ta}。如果超过,则需要采取措施减小 CFRP 端部应力集中。

另外,由 5.3 节参数分析可知,胶黏剂黏弹性对钢梁的长期挠度影响很小,在进行加固设计时可不考虑。

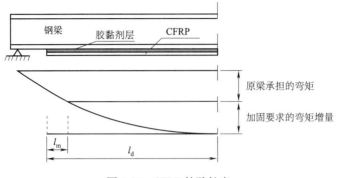

图 5-27　CFRP 粘贴长度

小　结

本章主要论述了以下两个方面内容:

(1)通过考虑变形协调条件的弹性分析方法,推导了包含外荷载和温度荷载的 CFRP 加固受弯钢梁黏结界面应力的微分控制方程,并分别对均布荷载、单个集中力和两个对称集中力作用情况进行了求解。依据敏感性分析的基本原理,从定量分析的角度分析界面应力对各参数的敏感程度。

①一般情况下黏结界面应力与胶层厚度成反比,与胶层弹性模量成正比,与 CFRP 厚度成正比,与 CFRP 弹性模量成正比,与 CFRP 端部到支座的距离成正比。

②CFRP 端部界面剪应力和剥离应力随胶层厚度的增加而减小,胶层厚度从 0.3 mm 变化为 0.5 mm,CFRP 端部界面剪应力和剥离应力分别减小了 22.1% 和 30.8%。

③随着胶层弹性模量的增加,界面剪应力和剥离应力呈线性增加,胶层弹性模量从 1 500 MPa 变化为 3 500 MPa,CFRP 端部界面剪应力和剥离应力分别增加了 51.1% 和 80.4%。

④界面剥离应力与 CFRP 厚度成正比关系,CFRP 厚度从 0.5 mm 增加到 1.5 mm,界面剥离应力增加了近 1.94 倍,说明 CFRP 厚度对界面剥离应力影响很大。界面剪应力与 CFRP 厚度无关。

⑤CFRP 弹性模量越大,界面剪应力和剥离应力也越大,CFRP 弹性模量从 160 GPa 增加到 240 GPa,界面剪应力和剥离应力分布增加了 21.6% 和 11.3%。

⑥CFRP 端部离支座越远,界面剪应力和剥离应力越大,CFRP 端部离支座的距离由 100 mm 增加到 500 mm,界面剪应力和剥离应力分别增加了 2.68 倍和 2.66 倍。

⑦对 CFRP 端部界面剪应力影响最大的参数为 CFRP 端部离支座距离,其敏感度因子为 0.812;影响最小的参数为 CFRP 厚度,其敏感度因子为 0.001。对 CFRP 端部界面剥离应力影响最大的参数为 CFRP 厚度,其敏感度因子为 0.988;影响最小的参数为 CFRP 弹性模量,其敏感度因子为 0.304。

(2)基于已经得到的胶黏剂黏弹性本构关系,借助黏弹性力学手段和拉普拉斯变换的数学方法,分析 CFRP 加固受弯钢梁的时变力学行为,包括界面应力、CFRP 轴力、钢梁弯矩以及加固梁挠度。

①基于 CFRP-钢界面的黏弹性本构模型,借助黏弹性力学手段和拉普拉斯变换的数学方法,推导了长期持载状态下 CFRP 加固受弯钢梁的界面应力、CFRP 轴力、钢梁弯矩以及加固梁挠度的解析解。

②胶黏剂的黏弹性对 CFRP 加固钢梁的力学行为有一定的影响,其会导致加固梁产生界面应力重分布现象,界面峰值应力随时间增加而减小。胶层越薄,界面峰值剥离应力和峰值剪应力越大。当胶层厚度分别为 0.3 mm、0.4 mm 和 0.5 mm 时,30 d 后胶层最大剪应力分别减小了 39.7%、37.1% 和 34.8%,胶层最大剥离应力分别减小了 32.5%、31.0% 和 28.4%。

③胶黏剂的黏弹性导致 CFRP 端部区域内的 CFRP 轴力随时间增加而减小,钢梁弯矩随时间增加而增大,荷载从钢梁向 CFRP 传递的作用随时间增加而减弱。当胶层厚度分别为 0.3 mm、0.4 mm 和 0.5 mm 时,30 d 后距 CFRP 端部 20 mm 处截面上 CFRP 轴力分别减小了 13.2%、15.8% 和 17.5%,钢梁弯矩分别增加了 15.1%、17.4% 和 18.7%。

④加固梁跨中挠度随时间增加而增大。当胶层厚度分别为 0.3 mm、0.4 mm 和 0.5 mm 时,30 d 后加固梁挠度分别增加了 4.6‰、3.7‰和 2.8‰,胶层厚度对加固梁挠度影响较小。

参 考 文 献

[1] 戴国欣. 钢结构[M]. 武汉:武汉理工大学出版社,2012.

[2] 施刚,班慧勇,石永久,等. 高强度钢材钢结构研究进展综述[J]. 工程力学,2013,30(1):1-13.

[3] 彭福明. 纤维增强复合材料加固修复金属结构界面性能研究[D]. 西安:西安建筑科技大学,2005.

[4] 程江敏,程波,邱鹤,等. 钢结构加固方法研究进展[J]. 钢结构,2012,27(11):1-7.

[5] 岳清瑞,张宁,彭福明. 碳纤维增强复合材料(CFRP)加固修复钢结构性能研究与工程应用[M]. 北京:中国建筑工业出版社,2009.

[6] 齐飞. FRP加固变截面箱形偏心受压构件的承载力研究[D]. 西安:西安建筑科技大学,2014.

[7] KAMRUZZAMAN M,JUMAAT M Z,SULONG N H R,et al. A review on strengthening steel beams using FRP under fatigue[J]. Scientific World Journal,2014,2014:1-21.

[8] CHOI K K,TAHA M M R. Rheological modeling and finite element simulation of epoxy adhesive creep in FRP-strengthened RC beams[J]. Journal of Adhesion Science and Technology,2013,27(5-6):523-535.

[9] MESHGIN P,CHOI K K,TAHA M M R. Experimental and analytical investigations of creep of epoxy adhesive at the concrete-FRP interfaces[J]. International Journal of Adhesion and Adhesives,2009,29(1):56-66.

[10] DIAB H,WU Z,IWASHITA K. Short and long-term bond performance of prestressed FRP sheet anchorages [J]. Engineering Structures,May,2009,31(5):1241-1249.

[11] FERNANDO D,YU T,TENG J G. Behavior of CFRP laminates bonded to a steel substrate using a ductile adhesive[J]. Journal of Composites for Construction,2014,18(2).

[12] 叶列平,冯鹏. FRP在工程结构中的应用与发展[J]. 土木工程学报,2006(3):24-36.

[13] 彭福明,岳清瑞,郝际平,等. FRP加固修复钢结构的荷载传递效果分析[J]. 工业建筑,2005(8):26-30.

[14] 王勖成. 有限单元法[M]. 北京:清华大学出版社,2003.

[15] 穆霞英. 蠕变力学[M]. 西安:西安交通大学出版社,1990.

[16] 薛耀,张龙,曹双寅,等. 低龄期下CFRP-钢界面黏结性能试验研究[J]. 东南大学学报(自然科学版),2015,45(2):360-363.

[17] 曾宪桃,车惠民. 复合材料FRP在桥梁工程中的应用及其前景[J]. 桥梁建设,2000(2):66-70.

[18] HASSANZADEH H,POOLADI-DARVISH M. Comparison of different numerical Laplace inversion methods for engineering applications[J]. Applied Mathematics and Computation,2007,189(2):1966-1981.

[19] 中华人民共和国住房和城乡建设部. 混凝土结构加固设计规范:GB 50367—2013[S]. 北京:中国建筑工业出版社,2014.

[20] 公路桥梁加固设计规范. 公路桥梁加固设计规范:JTG/T J22—2008[S]. 北京:人民交通出版社,2008.

[21] 卢亦焱,黄银燊,张号军,等. FRP加固技术研究新进展[J]. 中国铁道科学,2006(3):34-42.

[22] 庄江波. 预应力CFRP布加固钢筋混凝土梁的试验研究与分析[D]. 北京:清华大学,2005.

[23] 陈雅云. 预应力CFRP布加固混凝土梁的剥离承载力研究[D]. 重庆:重庆大学,2010.

[24] 卢亦焱,陈娟,黄银燊,等. 预应力FRP加固工程结构技术研究进展[J]. 中国工程科学,2008(8):40-44.

[25] EDBERG W,MERTZ D,GILLESPIE J. Rehabilitation of steel beams using composite materials[C]//Materials

for the New Millennium,2014:502-508.

[26] 邓军,黄培彦. CFRP 板与钢梁粘结剥离破坏的试验研究[J]. 建筑结构学报,2007(5):124-129.

[27] 王春江,李向民,许清风,等. CFRP 布加固 H 型钢梁的承载力性能分析[C]//第十三届全国现代结构工程学术研讨会,2013:6.

[28] MILLER T C,CHAJES M J,MERTZ D R,et al. Strengthening of a steel bridge girder using CFRP plate [J]. Journal of Bridge Engineering,2001,6(6):512-514.

[29] SHULLEY S B,HUANG X,KARBHARI V M. Fundamental considerations of design and durability in composite rehabilitation schemes for steel girders with web distress[C]//Infrastructure:New Materials and Methods of Repair,1994:1187-1194.

[30] TAVAKKOLIZADEH M,SAADATMANESH H. Fatigue strength of steel girders strengthened with carbon fiber reinforced polymer patch[J]. Journal of Structural Engineering-Asce,2003,129(2):186-196.

[31] 岳清瑞,彭福明,杨勇新,等. 碳纤维布加固钢结构有效粘结长度的试验研究[C]//第三届全国 FRP 学术交流会议,2004:4.

[32] 张宁,岳清瑞,佟晓利,等. 碳纤维布加固修复钢结构粘结界面受力性能试验研究[J]. 工业建筑,2003(5):71-73.

[33] 郑云,陈煊,李忠煜,等. 碳纤维加固钢结构的疲劳寿命分析[J]. 钢结构,2013(2):1-6.

[34] 郑云,李忠煜. 钢结构采用碳纤维加固的疲劳寿命预测方法[C]//2012 中国钢结构行业大会,2012:4.

[35] 邓军,黄培彦. FRP 板加固钢梁的设计方法研究[J]. 世界桥梁,2007(3):62-65.

[36] 郭攀. CFRP 板加固钢板粘结界面的静力学性能研究[D]. 广州:华南理工大学,2010.

[37] 叶华文. 预应力碳纤维板(CFRP)加固钢板受拉静力及疲劳性能试验研究[D]. 成都:西南交通大学,2009.

[38] 刘素丽. 碳纤维布与钢板的粘结机理研究[D]. 武汉:武汉大学,2004.

[39] 吴涛. 预应力碳纤维布加固钢梁抗弯性能研究[D]. 武汉:武汉大学,2005.

[40] 卢亦焱,龚田牛,李杉,等. 预应力碳纤维布加固钢梁抗弯承载力研究[J]. 铁道学报,2013(6):104-109.

[41] 胡安妮. 荷载和恶劣环境下 FRP 增强结构耐久性研究[D]. 大连:大连理工大学,2007.

[42] PHARES B M,WIPF T J,KLAIBER F W,et al. Strengthening of steel girder bridges using FRP[C]//Proceedings of the 2003 mid-continent transportation research symposium,2003:1-12.

[43] 冯鹏,叶列平,孟鑫淼. FRP 加固与增强金属结构的研究进展[C]//第 22 届全国结构工程学术会议,2013:20.

[44] TAVAKKOLIZADEH M,SAADATMANESH H. Repair of damaged steel-concrete composite girders using carbon fiber-reinforced polymer sheets[J]. Journal of Composites for Construction,2003,7(4):311-322.

[45] SEN R,LIBY L,MULLINS G. Strengthening steel bridge sections using CFRP laminates[J]. Composites Part B-Engineering,2001,32(4):309-322.

[46] PATNAIK A K,BAUER C L,SRIVATSAN T S. The extrinsic influence of carbon fibre reinforced plastic laminates to strengthen steel structures[J]. Sadhana-Academy Proceedings in Engineering Sciences,2008,33(3):261-272.

[47] SHAAT A,FAM A Z. Slender steel columns strengthened using high-modulus CFRP plates for buckling control [J]. Journal of Composites for Construction,2009,13(1):2-12.

[48] SHAAT A,FAM A. Axial loading tests on short and long hollow structural steel columns retrofitted using carbon fibre reinforced polymers[J]. Canadian Journal of Civil Engineering,2006,33(4):458-470.

［49］张宁,王志宇,付磊,等. CFRP 加固受拉钢板的研究进展［J］. 四川理工学院学报(自然科学版),2016 (1):64-70.

［50］JONES S C,CIVJAN S A. Application of fiber reinforced polymer overlays to extend steel fatigue life［J］. Journal of Composites for Construction,2003,7(4):331-338.

［51］YU Q Q,WU Y F. Fatigue strengthening of cracked steel beams with different configurations and materials［J］. Journal of Composites for Construction,2017,21(2):04016093-04016093.

［52］KABCHE J P,CACCESE V,BERUBE K A,et al. Experimental characterization of hybrid composite-to-metal bolted joints under flexural loading［J］. Composites Part B-Engineering,2007,38(1):66-78.

［53］MOSALLAM A S,CHAKRABARTI P R,SPENCER E. Experimental investigation on the use of advanced composites and high-strength adhesives in repair of steel structures［C］//43rd International SAMPE Symposium, 1998:1826-1837.

［54］FERRIER E,MICHEL L,JURKIEWIEZ B,et al. Creep behavior of adhesives used for external FRP strengthening of RC structures［J］. Constr. Build. Mater. ,2011,25(2):461-467.

［55］DEAN,G. Modelling non-linear creep behaviour of an epoxy adhesive［J］. International Journal of Adhesion and Adhesives,2007,27(8):636-646.

［56］蔡峨. 粘弹性力学基础［M］. 北京:北京航空航天大学出版社,1989.

［57］DEAN G,MCCARTNEY L N,CROCKER L,et al. Modelling long term deformation behaviour of polymers for finite element analysis［J］. Plastics Rubber and Composites,2009,38(9-10):433-443.

［58］HOUHOU N,BENZARTI K,QQIERTANT M,et al. Analysis of the nonlinear creep behavior of concrete/FRP-bonded assemblies［J］. Journal of Adhesion Science and Technology,2014,28(14-15):1345-1366.

［59］MAJDA P,SKRODZEWICZ J. A modified creep model of epoxy adhesive at ambient temperature ［J］. International Journal of Adhesion and Adhesives,2009,29(4):396-404.

［60］DIAB H,WU Z. A linear viscoelastic model for interfacial long-term behavior of FRP-concrete interface ［J］. Composites Part B:Engineering,2008,39(4):722-730.

［61］COSTA I,BANOS J. Tensile creep of a structural epoxy adhesive:Experimental and analytical characterization ［J］. International Journal of Adhesion and Adhesives,2015,59:115-124.

［62］王初红. 高聚物长期蠕变性能的加速表征［D］. 湘潭:湘潭大学,2006.

［63］HOUHOU N,BENZARTI K,QUIERTANT M,et al. Analysis of the nonlinear creep behavior of concrete/FRP-bonded assemblies［J］. Journal of Adhesion Science and Technology,2012,28(14-15):1345-1366.

［64］CHOI K K,MESHGIN P,TAHA M M R. Shear creep of epoxy at the concrete-FRP interfaces［J］. Composites Part B:Engineering,2007,38(5-6):772-780.

［65］MEAUD C,JURKIEWIEZ B,FERRIER E. Investigation of creep effects in strengthened RC structures through double lap shear testing［J］. Composites Part B-Engineering,2011,42(3):359-366.

［66］DIAB H,WU Z. Nonlinear constitutive model for time-dependent behavior of FRP-concrete interface ［J］. Composites Science and Technology,2007,67(11-12):2323-2333.

［67］WU Z,DIAB H. Constitutive model for time-dependent Behavior of FRP-concrete interface［J］. Journal of Composites for Construction,2007,11(5):477-486.

［68］CHOI K K,TAHA M M R,MASIA M J,et al. Numerical investigation of creep effects on FRP-strengthened RC beams［J］. Journal of Composites for Construction,2010,14(6):812-822.

［69］徐佰顺,钱永久,李晓斌,等. 粘贴加固 RC 简支梁界面应力时变与敏感性分析［J］. 桥梁建设,2016(5): 83-88.

［70］TENG J G,YU T,FERNANDO D. Strengthening of steel structures with fiber-reinforced polymer composites［J］.

Journal of Constructional Steel Research,2012,78:131-143.

［71］ ROBERTS T M. Approximate analysis of shear and normal stress concentrations in the adhesive layer of plated RC beams[J]. The Structural Engineer,1989,67(12):229-233.

［72］ ROBERTS T M,HHJI-KAZEMI H. Theoretical study of the behavior of reinforced concrete beams strengthened by externally bonded steel plates[J]. Proceedings of the Institution of Civil Engineers,1989,87(2):9-55.

［73］ VILNAY O. The analysis of reinforced concrete beams strengthened by epoxy bonded steel plates[J]. The International Journal of Cement Composites and Lightweight Concrete,1988,10(2):73-78.

［74］ 刘祖华,朱伯龙. 粘钢加固混凝土梁的解析分析[J]. 同济大学学报(自然科学版),1994(1):21-26.

［75］ TALJSTEN B. Strengthening of beams by plate bonding[J]. Journal of Materials in Civil Engineering,1997,9 (4):206-212.

［76］ MALEK A M,SAADATMANESH H,EHASNI M R. Prediction of failure load of R/C beams strengthened with FRP plate due to stress concentration at the plate end[J]. ACI Structural Journal,1998,95(1):142-152.

［77］ SMITH S T,TENG J G. Interfacial stresses in plated beams[J]. Engineering Structures,2001,23(7):857-871.

［78］ MALEK A M,SAADATMANESH H,EHSANI M R. Prediction of failure load of R/C beams strengthened with FRP plate due to stress concentration at the plate end[J]. Aci Structural Journal,1998,95(2):142-152.

［79］ YANG J,WU Y F. Interfacial stresses of FRP strengthened concrete beams:effect of shear deformation[J]. Composite Structures,2007,80(3):343-351.

［80］ TOUNSI A,DAOUADJI T H,BENYOUCEF S,et al. Interfacial stresses in FRP-plated RC beams:Effect of adherend shear deformations[J]. International Journal of Adhesion and Adhesives,2009,29(4):343-351.

［81］ NARAYANAMURTHY V,CHEN J F,CAIRNS J,et al. Effect of shear deformation on interfacial stresses in plated beams subjected to arbitrary loading[J]. International Journal of Adhesion and Adhesives,2011,31(8): 862-874.

［82］ GUENANECHE B,TOUNSI A,BEDIA E A A. Effect of shear deformation on interfacial stress analysis in plated beams under arbitrary loading[J]. International Journal of Adhesion and Adhesives,2014,48:1-13.

［83］ RABINOVICH O,FROSTIG Y. Closed-form high-order analysis of RC beams strengthened with FRP strips [J]. Journal of Composites for Construction,2000,4(2):65-74.

［84］ SHEN H S,TENG J G,YANG J. Interfacial stresses in beams and slabs bonded with thin plate[J]. Journal of Engineering Mechanics-Asce,2001,127(4):399-406.

［85］ 刘敏. 碳纤维增强复合材料加固钢结构的黏结界面应力分析[J]. 公路,2013(11):201-203.

［86］ 李春良,李凯,张立辉,等. CFRP端部被锚固后加固钢结构的界面粘结行为[J]. 哈尔滨工业大学学报, 2016(9):113-118.

［87］ 邓军,黄培彦. 预应力CFRP板加固梁的界面应力分析[J]. 工程力学,2009(7):78-82.

［88］ 蒋鑫,彭晖,张建仁,等. 外贴CFRP加固RC简支梁粘结界面温度剪应力分析[J]. 交通科学与工程, 2012(3):22-26.

［89］ TENG J G,ZHANG J W,SMITH S T. Interfacial stresses in reinforced concrete beams bonded with a soffit plate:a finite element study[J]. Constr. Build. Mater. ,2002,16(1):1-14.

［90］ 张继文,吕志涛,滕锦光,等. 外部粘贴碳纤维或钢板加固梁中粘结界面应力分析[J]. 工业建筑,2001 (6):1-4.

［91］ 吴志平. 接触单元分析黏钢加固的界面应力研究[J]. 合肥工业大学学报(自然科学版),2008(2): 207-210.

［92］ CHEN F,QIAO P. On the intralaminar and interlaminar stress analysis of adhesive joints in plated beams [J]. International Journal of Adhesion and Adhesives,2012,36:44-55.

[93] LEI D,CHEN G,CHEN Y,et al. Experimental research and numerical simulation of RC beams strengthened with bonded steel plates[J]. Science China-Technological Sciences,2012,55(12):3270-3277.

[94] JIANG W,QIAO P. An improved four-parameter model with consideration of Poisson's effect on stress analysis of adhesive joints[J]. Engineering Structures,2015,88:203-215.

[95] TRAN J Q,SHEK K L. Analysis of cracked plates with a bonded patch[J]. Engineering Fracture Mechanics, 1991,40(6):1055-1065.

[96] SUN C T,KLUG J,ARENDT C. Analysis of cracked aluminum plates repaired with bonded composite patches [J]. AIAA Journal,1996,34(2):369-374.

[97] 彭福明,郝际平,杨勇新,等. CFRP 加固钢梁的有限元分析[J]. 西安建筑科技大学学报(自然科学版), 2006(1):18-22.

[98] 郑云,叶列平,岳清瑞. CFRP 加固疲劳损伤钢结构的断裂力学分析[J]. 工业建筑,2005(10):79-82.

[99] 曹靖. 碳纤维增强复合材料加固钢结构理论分析和实验研究[D]. 合肥:合肥工业大学 2011.

[100] 杨勇新,马明山. 碳纤维布与钢材粘结性能的试验研究[J]. 建筑结构,2010(5):31-33.

[101] BUYUKOZTURK O,GUNES O,KARACA E. Progress on understranding debonding problems in reinforced concrete and steel members strengthened using FRP composites[J]. Constr. Build. Mater. ,2004,18(1): 9-19.

[102] LU X Z,TENG J G,YE L P,et al. Bond-slip models for FRP sheets/plates bonded to concrete[J]. Engineering Structures,2005,27(6):920-937.

[103] DELALE F,ERDOGAN F,AYDINOGLU M N. Stresses in adhesively bonded joints:a closed-form solution[J]. Journal of Composite Materials,1981,15:249-271.

[104] NAKABA K,KANAKUBO T,FURUTA T,et al. Bond behavior between fiber-reinforced polymer laminates and concrete[J]. Aci Structural Journal,2001,98(3):359-367.

[105] 曹双寅,潘建伍,陈建飞,等. 外贴纤维与混凝土结合面的粘结滑移关系[J]. 建筑结构学报,2006(1): 99-105.

[106] ZHAO X L, ZHANG L. State-of-the-art review on FRP strengthened steel structures [J]. Engineering Structures,2007,29(8):1808-1823.

[107] 完海鹰,郭裴. CFRP 加固钢结构的现状与展望(安徽建筑工业学院学报(自然科学版),2006(6): 1-4.

[108] XIA S. H,TENG J G. Behaviour of FRP-to-steel bonded joints[C]//Bond Behaviour of FRP in Structures: Proceedings of the International Symposium BBFS 2005,2005:419-426.

[109] YU T,FERNANDO D,TENG J G,et al. Experimental study on CFRP-to-steel bonded interfaces[J]. Composites Part B-Engineering,2012,43(5):2279-2289.

[110] 马建勋,宋松林,蒋湘闽. 碳纤维布-钢构件抗剪粘接性能试验研究[J]. 工程力学,2005(6):181-187.

[111] 王海涛,吴刚. CFRP 板-钢界面粘结性能试验研究[C]//第九届全国建设工程 FRP 应用学术交流会, 2015:5.

[112] FAWZIA S,ZHAO X L,Al-MAHAIDI R,et al. Bond characteristics between CFRP and steel plates in double strap joints[J]. The International Journal of Advanced Steel Construction,2005,1(2):17-27.

[113] FAWZIA S,ZHAO X L,Al-MAHAIDI R,et al. Preliminary bond-slip model for CFRP sheets bonded to steel plates[C]//Proceedings of the Third International Conference on FRP Composites in Civil Engineering,2006.

[114] FAWZIA S,ZHAO X L,Al-MAHAIDI R. Bond-slip models for double strap joints strengthened by CFRP[J]. Composite Structures,2010,92(9):2137-2145.

[115] BOCCIARELLI M,COLOMBI P. Elasto-plastic debonding strength of tensile steel/CFRP joints[J]. Engineering

Fracture Mechanics,2012,85:59-72.

[116] 杨勇新,岳清瑞,彭福明. 碳纤维布加固钢结构的黏结性能研究[J]. 土木工程学报,2006(10):1-5.

[117] WU C,ZHAO X,DUAN W H,et al. Bond characteristics between ultra high modulus CFRP laminates and steel[J]. Thin-Walled Structures,2012,51(2):147-157.

[118] 彭福明,才鹏,张宁,等. CFRP与钢材的粘结性能试验研究[J]. 工业建筑,2009(6):112-116.

[119] DAMATTY A A E,ABUSHAGUR M. Testing and modeling of shear and peel behavior for bonded steel/FRP connections[J]. Thin-Walled Structures,2003,41(11):987-1003.

[120] NOZAKA K,SHIELD C K,HAJJAR J F. Effective bond length of carbon-fiber-reinforced polymer strips bonded to fatigued steel bridge i-girders[J]. Journal of Bridge Engineering,2005,10(2):195-205.

[121] 齐爱华. FRP与钢结构粘结性能试验研究[D]. 大连:大连理工大学,2007.

[122] 施慕桓. FRP单搭接和FRP加固钢结构粘结性能的耐久性试验研究[D]. 大连:大连理工大学,2008.

[123] JONATHAN M W. Accelerated testing for bond reliability of fiber-reinforced polymers (FRP) to concrete and steel in aggressive environments[D]. Arizona:The University of Arizona,2003.

[124] 关健记. 湿热环境和过载损伤作用下CFRP-钢结构粘结界面的耐久性研究[D]. 广州:广东工业大学,2016.

[125] 任慧韬,李杉,高丹盈. 荷载和恶劣环境共同作用对CFRP-钢结构黏结性能的影响[J]. 土木工程学报,2009(3):36-41.

[126] ZHAO X L,BAI Y,AL-MAHAIDI R,et al. Effect of dynamic loading and environmental conditions on the bond between CFRP and steel:state-of-the-art review[J]. Journal of Composites for Construction,2014,18(3).

[127] WU C,ZHAO X L,CHIU W K,et al. Effect of fatigue loading on the bond behaviour between UHM CFRP plates and steel plates[J]. Composites Part B:Engineering,2013,50:344-353.

[128] AL-ZUBAIDY H A,ZHAO X L,AL-MAHAIDI R. Dynamic bond strength between CFRP sheet and steel[J]. Composite Structures,2012,94(11):3258-3270.

[129] AL-SHAWAF A,ZHAO X L. Adhesive rheology impact on wet lay-up CFRP/steel joints´ behaviour under infrastructural subzero exposures[J]. Composites Part B-Engineering,2013,47:207-219.

[130] 杨进. CFRP布与钢材界面落锤冲击动态黏结性能试验研究[D]. 长沙:湖南大学,2014.

[131] 国家市场监督管理总局,中国国家标准化管理委员会. 钢及钢产品 力学性能试验取样位置及试样制备:GB/T 2975—2018[S]. 北京:中国质检出版社,2018.

[132] YUAN H,TENG J G,SERACINO R,et al. Full-range behavior of FRP-to-concrete bonded joints[J]. Engineering Structures,2004,26(5):553-565.

[133] 薛耀. CFRP-钢粘贴界面粘结性能试验研究[D]. 南京:东南大学,2015.

[134] 杨挺青. 粘弹性力学[M]. 武汉:华中理工大学出版社,1990.

[135] FINDLEY W N. Mechanism and mechanics of creep of plastics[J]. Society of Plastic Engineering,1960,16(1):57-65.

[136] ZAKIAN V. Optimization of numberical inversion of Laplace transform[J]. Electronic letters,1970(6):677-679.

[137] GAO D,WANG P,LI M,et al. Modelling of nonlinear viscoelastic creep behaviour of hot-mix asphalt[J]. Constr. Build. Mater. ,2015,95:329-336.

[138] 潘毅,吴晓飞,曹双寅,等. 长期轴压下有初应力的CFRP约束混凝土柱应力-应变关系分析[J]. 土木工程学报,2016(9):9-19.

[139] ZAKIAN V. Rational approximation to transform function matrix of distributed system[J]. Electronic letters,1970(6):474-476.

[140] DEHGHANI E,DANESHJOO F,AGHAKOUCHAK A A,et al. A new bond-slip model for adhesive in CFRP-steel composite systems[J]. Engineering Structures,2012,34:447-454.

[141] ZAKIAN V. Numerical inversion of Laplace transform[J]. Electronic letters,1969(3):120-121.

[142] MONTI M, RENZELLI M, LUCIANI P. FRP adhesion in uncracked and cracked concrete zones[C]// Singapore,2003.

[143] 魏培君,张双寅,吴永礼. 粘弹性力学的对应原理及其数值反演方法[J]. 力学进展,1999,29(3): 317-330.